大坝混凝土施工质量控制技术研究及工程应用

王博 著

U0209120

中国水利水电出版社
www.waterpub.com.cn
·北京·

内 容 提 要

本书结合水电工程实际，研究了大坝混凝土施工质量控制的新理论、新技术及新工艺，研究了接力链理论在工程实践中形成的三大质量控制新技术，即接力链无缝交接技术、接力链网络技术及接力链螺旋循环技术；提出了质量损益函数的概念，研究了质量损益函数在工程实践中的三个应用，即质量损益过程均值设计、大坝混凝土施工质量特性容差优化及关键质量源的探测和诊断；结合三峡工程实际，从大坝混凝土生产质量控制及大坝混凝土施工关键工艺两个方面总结和提炼了其具体实施方法和措施，改进了大坝混凝土施工质量控制技术。

本书结合水电工程质量控制的实际，研究了大坝混凝土施工质量控制的新理论、新技术及新工艺，为全面保证和不断提升大坝混凝土施工质量找到了一些有效方法和途径。

本书可供水电工程施工技术人员，水利工程及工程管理专业研究生，质量控制研究人员，高校教师参考。

图书在版编目（CIP）数据

大坝混凝土施工质量控制技术研究及工程应用 / 王博著. -- 北京：中国水利水电出版社，2019.8
ISBN 978-7-5170-7917-0

Ⅰ. ①大… Ⅱ. ①王… Ⅲ. ①大坝－混凝土施工－质量控制－研究 Ⅳ. ①TV642

中国版本图书馆CIP数据核字(2019)第173851号

书 名	大坝混凝土施工质量控制技术研究及工程应用 DABA HUNNINGTU SHIGONG ZHILIANG KONGZHI JISHU YANJIU JI GONGCHENG YINGYONG
作 者	王博 著
出版发行	中国水利水电出版社 （北京市海淀区玉渊潭南路 1 号 D 座　100038） 网址：www. waterpub. com. cn E - mail：sales@waterpub. com. cn 电话：(010) 68367658（营销中心）
经 售	北京科水图书销售中心（零售） 电话：(010) 88383994、63202643、68545874 全国各地新华书店和相关出版物销售网点
排 版	中国水利水电出版社微机排版中心
印 刷	清淞永业（天津）印刷有限公司
规 格	170mm×240mm　16 开本　10.75 印张　211 千字
版 次	2019 年 8 月第 1 版　2019 年 8 月第 1 次印刷
定 价	**49.00 元**

前　　言

质量是产品的生命。同样，质量也是工程的生命。由于水利水电工程建在江河之上，一旦失事，后果不堪设想，加强水利水电工程建设的质量管理十分重要。国内外有关质量检查、质量优化、质量验收等方面的研究较多，而在质量控制理论及质量控制技术方面的研究却比较少。此外，三峡三期工程大坝混凝土施工质量控制的成功实践也迫切需要我们总结和提炼质量控制理论及质量控制技术。

大坝混凝土具有结构体积大、水泥水化热大、承受荷载大、内部受力相对复杂等结构特点，其质量控制难度异常突出。本文结合三峡三期工程大坝质量控制的实际，研究了大坝混凝土施工质量控制的新理论、新技术及新工艺，为全面保证和不断提升大坝混凝土施工质量找到了一些有效方法和途径。

本书共分为5章。第1章介绍了本书的研究背景、研究意义及国内外研究进展；第2章提出了接力链及质量损益函数的概念，研究了接力链和质量损益函数在工程实践中的应用及非对称信息下水电工程建设项目质量监控；第3章研究了大坝混凝土生产质量控制及施工关键工艺；第4章研究了接力链技术及质量损益函数在大坝混凝土施工质量控制中的应用；第5章介绍了本书的主要研究成果及研究工作展望。

本书主要包括以下创新点。

（1）丰富了接力链理论，研究了该理论在工程实践应用中形成的三大质量控制新技术，即接力链无缝交接技术、接力链网络技术及接力链螺旋循环技术。

（2）针对田口质量损失函数质量补偿效果的不足，提出了质量损益函数的概念，研究了其在大坝混凝土施工实践中的三大应用，即非对称情况下质量损益过程均值设计、大坝混凝土施工质量特性容差优化及关键质量源诊断与探测。

（3）提出了水电工程分包商选择决策评价指标体系及选择决策方法，研究了总承包商对分包商的质量监督决策及质量保证金扣留策略。

（4）结合三峡工程实际，研究了大坝混凝土生产质量控制及大坝混凝土施工关键工艺的实施方法和措施，改进了大坝混凝土施工质量控制技术。

（5）分别从运作机制、保证机制、快速反应机制及约束机制分析了三峡三期工程中接力链运行的过程，研究了接力链技术及质量损益函数在三峡三期工程大坝混凝土施工质量控制中的具体实例应用。

本书得到了中国葛洲坝集团有限公司科研项目"三峡三期工程大坝混凝土施工质量控制技术研究（2013KJ－01）"、2016 年度华北水利水电大学高层次人才科研启动项目（10030）及国家自然科学基金项目"基于接力链与质量损益函数的大坝混凝土施工质量控制机理研究（51709116）"的资助。

在本书的成稿过程中，中国能源建设集团有限公司周厚贵先生、戴志清总工，河海大学的沈振中教授、戴会超教授，中国葛洲坝集团三峡建设工程有限公司周建华总经理、孙昌忠总工、李友华总工、黄家权总工、詹剑霞、肖传勇、张俊霞、杨富瀛、林伟，武汉大学曹生荣教授，华北水利水电大学聂相田教授、杨耀红教授、李智勇、郜军艳、刘贝贝、徐立鹏、冯凯、范天雨、丁振宇、张颜、刘梦琪、姜绿圃、王守明、凌磊、崔玉荣、刘晨、庄濮瑞、王毓浩、田静等给予了帮助和支持，在此一并致谢。

限于作者的水平，书中难免存在疏漏之处，恳请读者批评指正。

作者

2019 年 5 月

目　　录

前言

第1章　绪论 ………………………………………………………………… 1

　1.1　研究背景 ……………………………………………………………… 1

　1.2　国内外研究进展 ……………………………………………………… 3

　　1.2.1　接力技术研究 …………………………………………………… 3

　　1.2.2　PDCA 循环理论研究 …………………………………………… 4

　　1.2.3　质量损失函数理论研究 ………………………………………… 4

　　1.2.4　图示评审技术研究 ……………………………………………… 5

　　1.2.5　质量特性容差优化研究 ………………………………………… 5

　　1.2.6　分包商选择决策研究 …………………………………………… 6

　　1.2.7　非对称信息下质量控制问题研究 ……………………………… 6

　1.3　几种典型的质量控制方法 …………………………………………… 7

　　1.3.1　ISO 9000 族标准方法 …………………………………………… 7

　　1.3.2　6σ管理技术 ……………………………………………………… 7

　　1.3.3　质量功能展开技术 ……………………………………………… 8

　　1.3.4　三次设计 ………………………………………………………… 10

　　1.3.5　接力技术 ………………………………………………………… 13

　1.4　研究目的及意义 ……………………………………………………… 13

　1.5　研究内容及结构 ……………………………………………………… 14

　　1.5.1　主要研究内容 …………………………………………………… 14

　　1.5.2　本书结构 ………………………………………………………… 15

第2章　大坝混凝土施工质量控制技术研究 ……………………………… 16

　2.1　接力链及其应用 ……………………………………………………… 16

　　2.1.1　问题的提出 ……………………………………………………… 16

　　2.1.2　接力链 …………………………………………………………… 17

　　2.1.3　接力链无缝交接技术 …………………………………………… 18

　　2.1.4　接力链网络技术 ………………………………………………… 30

　　2.1.5　接力链螺旋循环技术 …………………………………………… 38

2.2 质量损益函数及其应用 ································· 44
　2.2.1 问题的提出 ································· 44
　2.2.2 质量损益函数 ································· 45
　2.2.3 非对称情况下质量损益过程均值设计 ················· 49
　2.2.4 基于质量损益函数的大坝混凝土施工质量特性容差优化 ····· 57
　2.2.5 质量损益传递GERT网络的关键质量源诊断与探测算法 ····· 60
2.3 非对称信息下水电工程建设项目质量监控 ··············· 66
　2.3.1 问题的提出 ································· 66
　2.3.2 基于BP神经网络的水电工程分包商选择决策 ··········· 67
　2.3.3 非对称信息下水电工程建设项目质量监控 ············· 73
2.4 本章小结 ···································· 80

第3章 大坝混凝土生产及施工工艺的改进 ················· 82
3.1 大坝混凝土生产质量控制 ······················· 82
　3.1.1 问题的提出 ································· 82
　3.1.2 原材料质量控制 ····························· 82
　3.1.3 混凝土生产质量控制 ························· 88
3.2 大坝混凝土施工关键工艺 ······················· 92
　3.2.1 原材料优选 ································· 92
　3.2.2 配合比持续优化 ····························· 93
　3.2.3 骨料冷却 ································· 93
　3.2.4 遮阳喷雾 ································· 94
　3.2.5 通水冷却 ································· 95
　3.2.6 下料与浇筑法 ····························· 97
　3.2.7 混凝土振捣 ································· 98
　3.2.8 长间歇面纤维混凝土 ························· 99
　3.2.9 均匀快速上升 ····························· 100
　3.2.10 模板工艺 ································· 100
　3.2.11 块间高差 ································· 101
　3.2.12 表面永久保温 ····························· 102
　3.2.13 长期养护 ································· 104
3.3 本章小结 ···································· 105

第4章 三峡三期工程大坝混凝土施工质量控制实例研究 ········· 106
4.1 工程概况 ···································· 106
4.2 接力链运行机制的建立 ························· 107

4.2.1 运作机制 ·· 107

4.2.2 保证机制 ·· 108

4.2.3 快速反应机制 ·· 109

4.2.4 约束机制 ·· 110

4.3 接力链技术在大坝混凝土施工质量控制中的应用 ············ 113

4.3.1 接力链技术在导流明渠截流中的应用 ················ 113

4.3.2 基于接力链无缝交接技术的仓面设计 ················ 113

4.3.3 基于接力链网络技术的大坝混凝土施工质量控制 ······ 117

4.3.4 基于接力链螺旋循环技术的大坝混凝土冷却通水质量控制 ······ 121

4.3.5 基于工期分布、多资源约束及接力势的关键链缓冲区
大小计算研究 ··· 123

4.4 质量损益函数在大坝混凝土施工质量控制中的应用 ········· 131

4.4.1 基于质量损益函数的温控混凝土生产过程均值设计 ······ 131

4.4.2 基于质量损益函数的大坝混凝土施工质量特性容差优化 ······ 133

4.4.3 基于质量损益函数的大坝混凝土施工关键质量源诊断 ······ 137

4.5 不忽略一次项损失且补偿量恒定时望大望小特性质量损益
函数设计 ·· 139

4.5.1 望大特性及望小特性质量损益函数 ················· 140

4.5.2 二次式望大特性及望小特性质量损益函数设计 ······ 141

4.5.3 实例分析 ·· 145

4.5.4 结论 ··· 146

4.6 本章小结 ··· 147

第5章 结论与展望 ·· 148

5.1 主要研究成果 ··· 148

5.2 研究工作展望 ··· 150

参考文献 ·· 152

第1章 绪 论

1.1 研究背景

质量是产品的生命。同样，质量也是工程的生命。由于水利水电工程多建在江河之上，一旦失事，后果不堪设想，加强水利水电工程建设的质量管理十分重要。混凝土坝是世界坝工界中最常用、最经典的主流坝型。由于工程条件复杂、施工技术要求高、建设周期长、施工中不确定因素多、施工质量控制难度较大等特点，混凝土坝的质量及安全问题时有暴露，严重制约了水利工程建设事业的健康发展[1]。

大坝混凝土属于大体积混凝土，由于原材料、地形地质、水文气象、施工工艺、操作方法、技术措施等原因，在大坝混凝土施工过程中常常出现质量问题，如产生混凝土强度等级偏低、气泡、麻面、蜂窝、孔洞、露筋、裂缝、施工冷缝、泌水、表面水泥浆过厚，大坝混凝土抗压强度、抗渗、抗冻标号及保证率不能达到设计要求，浇筑坝段出现串区和外漏等。大坝混凝土具有结构体积大、水泥水化热大、承受荷载大、内部受力相对复杂等结构特点，其质量问题主要是混凝土表面裂缝的产生和延展，如苏联的马马康宽缝重力坝，美国的利比坝、德沃夏克坝和诺里斯坝，加拿大的雷维尔斯托克重力坝，瑞士的泽乌齐尔拱坝、法国的马尔帕斯拱坝及卡斯梯翁拱坝，中国的龙羊峡重力拱坝、葛洲坝、白山重力拱坝、丹江口混凝土重力坝、大黑汀宽缝重力坝等[2]。

大坝混凝土的裂缝加剧了钢筋腐蚀，破坏了坝体的防渗性、耐久性及整体性，削弱了大坝的强度，从而影响大坝的稳定和结构安全。同时还会引起诸如渗漏溶蚀、混凝土碳化及环境水侵蚀等一系列病害的发生，还可能引起溃坝。另外，目前对于大坝裂缝的处理尚无成熟的经验，如对于贯穿性裂缝，一般的灌浆方法不能完全恢复其整体性，必须采取其他复杂的结构措施，但这些措施施工极为复杂，需要花费大量人力、物力等资源，且很难取得预期的效果。由此可见，大坝混凝土施工质量问题较多，质量事故造成的危害性较大且质量事故处理难以取得预期效果，对大坝混凝土施工进行质量控制是十分必要的。

现有的大坝混凝土施工质量问题的研究大多涉及大坝混凝土质量检查、试验、质量优化、质量验收评定、施工技术措施等方面，而真正的质量控制技术方面的研究却比较少。如在质量检查方面，工程实践中开展的"三检制"、施工过程交接检查、水工混凝土施工质量针对性检测、施工质量巡视检查与观摩、大坝混凝土温度检测等；试验包括建筑材料试验、施工试验、结构与构件试验等；在质量优化方面，工程实践中开展的施工组织设计优化、大坝混凝土施工浇筑运输方案优选、原材料优选、配合比优化、资源配置优化、参数设计优化等；在质量验收评定方面，工程实践中开展的隐蔽工程验收、阶段验收、预验收、单位工程验收、材料验收、设备验收等；在施工技术措施方面，针对大坝混凝土施工质量问题采取的技术措施，如骨料二次风冷、个性化通水冷却、仓面喷雾降温、大坝混凝土长期养护及表面永久保温等。

已有的大坝混凝土施工质量控制方面的研究，大多是现有质量控制技术在工程实践中的应用，而对于大坝混凝土施工质量控制的新方法、新技术的探讨和研究比较少。如应用排列图法找出工程的主要质量因素；应用直方图法判断和预测生产过程质量和不合格品率；应用关联图或因果分析图分析质量因素间的因果关系；应用网络计划技术制定质量管理日程计划，明确质量控制的关键工序及关键路线；应用头脑风暴法识别大坝混凝土施工中存在的质量问题并寻求相应的解决方法；应用 ISO 9000 族标准方法完善组织内部管理，使质量管理制度化及体系化等。

科研工作者对于大坝混凝土施工质量控制技术的研究较少，在这方面的理论研究更是少之又少。我国的三峡工程、向家坝、溪洛渡、乌东德、白鹤滩等大型水电站工程，采用的质量控制技术仍是全面质量管理的一套体系，虽然该体系对工程的质量控制起到了积极的作用，但是全面质量管理的一些理论在提出时是服务于生产制造业的，这些理论是否适用于大坝混凝土施工是非常值得探讨的。

大坝混凝土施工质量控制技术的研究将是未来发展的一种趋势。随着大体积混凝土快速施工技术的进步，对混凝土浇筑质量的要求越来越高，对于一个庞大的、复杂的、具有成千上万道工序的建设工程，原有的质量控制技术已经远不能满足质量控制的要求。三峡三期工程大坝混凝土施工质量控制完美，迫切需要我们总结和提炼大坝混凝土施工质量控制技术和质量控制理论，从而为破解混凝土大坝裂缝这一难题提供一条攻克路径。

综上所述，大坝混凝土施工过程中出现的质量问题较多，质量事故造成的危害性较大且质量事故处理难以取得预期效果；有关质量检查、质量优化、质量验收等方面的研究较多，真正的质量控制技术方面的研究却比较少；现有质量控制技术在工程实践中的应用较多，而在质量控制方面的理论研究较少；三峡三期工程混凝土施工质量控制近乎完美也迫切需要我们总结和提炼质量控制技术和质量控制理论。因此，对大坝混凝土施工质量控制新理论、新技术的研究十分必要。

1.2 国内外研究进展

1.2.1 接力技术研究

我国的程庆寿[3]在1991年首次提出了接力操作法，该方法打破了全面质量管理中强调的"下道工序就是用户""用户就是上帝"思想的局限性，而强调"上下道工序互为对方服务"的观点。程庆寿在1993年提出了接力技术[4]，其原理为以具体工序为"基本元素"，研究其对上道工序的"接"、对本工序的"作"（或"运"）和对下道工序的"交"的最佳协调动作。此后，潘开灵研究了接力技术的系统性思维特色[5]，介绍了工程施工管理中接力技术的软件系统[6]，引入了接力技术的网络模型[7]，运用制约因素理论对接力技术的假设前提和理论基础进行了分析，得出接力技术关于生产作业最根本的理论基础是生产效用理论[8]。俞晓、冯为民[9]应用混沌理论的基本原理，从系统控制的角度研究了接力技术的基本运行模式。周厚贵[10,11]研究了接力技术在三峡工程建设中的应用。A. C. A. Cauvin[12]提出了人员接力的概念，将人员作为整个应急管理系统的核心。

国外学者虽然没有关于接力技术的相关研究，但我们可以从行动者网络理论中得到类似的观点。20世纪80年代，法国社会学家Bruno Latour、Michel Callon和Jone Law创立了行动者网络理论（Actor - Network Theory，ANT）[13]，重新界定了在科学认识过程中各种存在所起的作用，并用行动者来表示这些存在。行动者网络的每个行动者通过转译构建成一个无缝的行动之网，行动者的地位是平等的，没有所谓的主体和客体，也没有所谓的网络中心，所有的行动者都有自身的利益，并能说服其他行动者的利益与其产生共鸣形成一个联盟[14]。ANT为工程的复杂性提供了不同的解释，不仅考虑了项目中的人与人的关系，而且考虑了非人的相互作用[15]。Chan Albert[16]也研究了影响建设项目成功的因素不仅有人的因素，还有非人的因素，如政治经济环境、技术方法、设备材料及项目复杂性等。项目管理中越来越多的实践方法已采用ANT。迄今为止，ANT可帮助解释重组建筑业[16-20]、交通运输业[21]的利益和成果，评估项目管理知识体系的实施[22]，调查项目管理中的紧急事件[23]，检查项目管理工具的效率[24,25]等。工程实践中，工序是行动者网络的核心行动者，通过转译过程相互交接，构建成一个无缝行动之网，那么在构建工程的行动者网络中，工序与工序间是如何做到高效交接或转译从而达到无缝交接的是值得研究的问题。

1.2.2　PDCA 循环理论研究

Walter A. Shewhart 于 1930 年首次提出了由设计开始，经由制造、销售、实用检测，再由检测结果来做改善的生产模式，不断地循环这 4 个步骤，以越来越低的成本无休止地提高质量，称为休哈特循环[26,27]。Edwards Deming 博士于 1950 年将休哈特循环在日本广泛宣传和运用于持续改善产品质量的过程中，其间，日本管理者发现该循环不仅是一种持续改善循环，还是一种不断学习的循环，即计划 Plan（P）、执行 Do（D）、检查 Check（C）和改进 Action（A），简称 PDCA 循环。随后，日本企业采用这种方法，并称之为戴明循环[28]。

PDCA 循环是能够使任何一项活动有效进行的一种合乎逻辑的工作程序，是全面质量管理所遵循的科学程序，是提高产品质量、改善企业运营管理的重要方法，也是质量保证体系运转的基本方式。费根堡姆于 1961 年提出的全面质量管理，其活动的全部过程就是按照"质量标准的制定、评价符合标准的程序、采取措施及改进质量计划"实现质量目标的过程，即按照 PDCA 循环，不停顿地周而复始地运转[29]。PDCA 循环涵盖了前馈控制、同期控制和反馈控制等环节，周而复始，循环控制，为有效地保障系统秩序、工艺质量、过程优化提供了理论框架[30]。PDCA 理论广泛存在于各个领域，现已成为管理学中的一个通用模型。经过多年的发展，PDCA 循环理论已应用于绩效管理[31-33]、医疗服务质量改进[34,35]、知识管理[36]、持续改进[37,38]、安全管理[39,40]等领域，并获得了积极的效果。然而，PDCA 理论应用中同样也出现了许多问题，如循环过程缺乏创新、PDCA 各个部门缺乏信息的沟通及相互协作的意识、没有"上下环节互为对方服务"的意识及利用检验数据作为持续改善的基础等。

1.2.3　质量损失函数理论研究

在工业生产中，产品质量与目标值之间可能会存在偏差，而且由于来自原材料品质、生产环境、装备水平、人为操纵等多方面的影响而使质量产生波动。20 世纪 70 年代，日本著名质量管理专家 Genichi Taguchi（以下称为"田口"）为了估计质量特性偏离目标值所造成的损失，把质量和经济两个范畴的概念统一起来，提出用二次质量损失函数对产品质量进行定量描述[41,42]，该函数称为田口质量损失函数。针对田口质量损失函数的局限性，Spring[43]、Pan[44]、Naghizadeh[45]、Köksoy[46]等提出了倒正态分布函数，解决了田口质量损失函数的无界性。针对质量损失的不对称性问题，Spring[47]、Wu[48]、

Li[49]、Jeang[50]等提出了非对称质量损失函数模型；程岩等[51]、潘尔顺等[52]、倪自银等[53]、赵延明[54]等建立了分段质量损失函数模型；Cao等[55,56]建立了模糊质量损失模型。针对大多数研究集中于单一特征的质量损失函数，Lee等[57]提出了多重相关质量特性总质量损失模型及其公差设计方法；Huang等和王军平等[58,59]提出了多参数质量损失模型的更普遍形式。然而，大量的生产实践表明并非如此，生产过程中，不但存在质量损失，有时也会因质量补偿带来质量的增益效果，因此探讨新的质量变化理论是非常有必要的。

1.2.4 图示评审技术研究

图示评审技术是 1962 年由 E. Eisner 提出的带"决策盒"的广义网络技术，之后由 A. A. B. Pritsker 等和 Siedersleben 在这种具有概率分析网络的基础上逐步改进形成的[60,61]。近年来，GERT（Graphic Evaluation and Review Technique）网络已在众多方面获得广泛的应用，如在水利水电施工方面，吕岳鹏[62]利用 GERT 网络技术推导了计算导流工程费用及工期风险损失期望值的一般公式，为施工导流方案的选择提供依据；周厚贵[63]建立了三峡工程纵向混凝土围堰施工的 GERT 网络模型，成功地解决了施工中存在的随机问题。在项目风险管理方面，李存斌等[64,65]根据风险元传递的特性，建立了基于 GERT 网络计划项目的风险元传递解析模型，可在实际项目中达到降低和规避风险的目的。在时间费用分析方面，何正文等[66]研究了项目活动费用和时间线性相关时 GERT 模型的解析算法；结合传统的随机模拟计算方法和连续原理，Martin[67]提出了随机预算模拟方法，该方法可对大型工程的经济后果进行分析和评价。在交通运输及路径选择方面，张杨等[68]研究了城市交通中车辆旅行费用与时间、路长线性正相关时 GERT 模型算法；Paletta[69]研究了用网络模型求解动态旅行商问题；Afèche 和 Philipp[70]研究了优先服务中的随机延迟问题。在方法结合方面，刘思峰等[71]基于灰色系统理论，从价值循环流动及价值增值角度研究了一种新的灰色流动 G-GERT 网络模型；杨保华等[72,73]针对随机网络研究中活动参数的分布是不确定信息的情况下，提出了不确定信息的 GERT 网络模型。关于质量损失传递的研究，刘远等[74]构建了供应商质量损失传递网络模型并设计其有效求解算法，并合理度量供应商质量损失及其波动对最终产品影响的程度。此外，郭本海等[75]构建了以能源传递关系为基础的多参量 GERT 网络模型。

1.2.5 质量特性容差优化研究

大坝混凝土施工是一个复杂的系统工程，主要由混凝土生产、混凝土运输、混凝土浇筑及混凝土养护等工序组成。在施工过程中，承包商根据各个工序的质量表现值对已有的容差标准进行调整和优化，以综合权衡生产成本和质量要求。近年来，质量容差设计问题的研究大多集中在产品设计阶段，并以制造成本最低为目标对质量容差区间进行调整，如 Brian 等[76]为综合考虑设计质量容差与生产成本、产品舒适度、市场供货时间、产品使用质量和客户满意度等多因素之间的关系构建了一类路径图模型；Hsueh 等[77]为评估不同质量设计模式的质量容差改进效率提出了一类定量方法；Wu[78]为优化非线性多属性动态质量特性的容差要求提出了一种基于双指数需求函数的规划算法；郭健彬等[79]提出了最大容差域的容差设计方法，以实现电路稳健性的设计要求；翟国富等[80]将正交试验、均匀试验和回归分析等数学手段引入到可靠性容差设计过程中；蒲国利等[81]运用置信域方法解决了多个质量特性的容差设计问题；张素梅[82]提出了一种模糊容差稳健优化设计方法，较好地解决了多目标容差设计的全局最优问题等等。此外，在工程施工及产品生产阶段，针对质量特性的容差调整和再分配问题没有引起足够的重视，刘远等[83]根据前一生产阶段的实际质量表现值，首次探讨了外购系统质量特性的容差调整与修正问题。以上研究在容差优化过程中仅考虑了质量特性的质量损失，没有考虑质量特性的质量补偿效果对其容差优化的影响，为此考虑质量特性的质量补偿效果，研究大坝混凝土施工各质量特性的容差优化问题具有重要意义。

1.2.6　分包商选择决策研究

对于承包商的选择，选择准则体系的建立和选择方法，已经有许多研究成果[84-88]。然而，现阶段国内对施工分包商的选择方法和选择流程的研究成果尚少。就选择准则体系的建立问题，Kumaraswamy 等[89]提出了态度、质量意识、合作经验等8个评价指标；Gokhan Arslan[90]分析得出一个拥有4个一级指标（费用、时间、质量及资源充分性）和25个二级指标的评价体系；国内学者[91-95]在讨论分包商的选择问题时，都涉及准则体系的建立。关于分包商的选择方法，李忠富等[92]运用灰色关联分析方法构建了分包商选择模型；杨耀红等[93]把建设分包商的选择分为2个阶段，给出了建筑分包商预选择和决策选择的具体实施步骤；董雅文等[94]应用模糊贴近度进行了建筑企业施工分包商评价模型的建立和识别；王卓甫等[95]建立了数据包括分析对抗交叉评价模型，克服了目前国内总承包商选择分包商主观随意性强的弱点；Vito Albino[96]讨论了用神经网络方法进行建筑分包商的选择；等。

1.2.7　非对称信息下质量控制问题研究

近年来，很多学者已经开始研究非对称信息下的质量控制问题，如张翠华等在文献［97］中建立了供应商和销售商的质量收益函数，运用最大值理论推导了销售商产品评价信息隐匿情况下供应商质量预防的最优解；在文献［98］中分别建立了购买商和供应商的质量决策模型，研究了不同信息下供应链业务外包的产品质量评价决策问题；在文献［99］中考虑了供应商质量预防信息隐匿情况下，研究了非对称信息下业务外包的质量评价和转移支付问题。又如傅鸿源等[100]以质量监督控制水平及工程款支付决策为 BT 项目甲方决策变量，以质量预防水平为 BT 项目乙方的决策变量，建立了甲、乙双方质量控制策略的博弈模型，讨论了信息非对称条件下 BT 项目质量控制决策。金美花等[101]以质量监督水平和工程转移支付为总承包商的决策变量，工程质量控制水平为分包商的决策变量，较深入地研究了建设供应链中的质量控制问题。纵观以上研究，我们可以发现，非对称信息下的质量决策问题已经变成最优控制问题。

1.3　几种典型的质量控制方法

质量控制是指为满足质量要求所采取的作业技术和活动，是质量管理的一部分。质量控制通常有 4 个步骤：①制定标准；②评价符合标准的程度；③必要时采取措施；④制定改进计划。随着现代化大生产和科学技术的发展，质量控制在长期的实践中形成了多样化、复合型的技术体系，诸如 ISO 9000 族标准方法、6σ 管理法、质量功能展开技术、三次设计及接力技术等。

1.3.1　ISO 9000 族标准方法

ISO 9000 族标准是指"由国际标准化组织（International Organization for Standardization，ISO）质量管理和质量保证技术委员会制定的所有国际标准"。第一版（1987 版）ISO 9000 族标准标志着质量管理和质量保证达到了规范化、程序化的新高度，但由于当时的客观原因，带有明显的硬件加工行业的特点，不利于硬件以外行业的应用和标准的普及。随着认识的发展和应用的更加广泛，2000 年版的 ISO 9000 族标准已经具备了较好的通用性，不受具体的行业或经济部门的限制，可广泛适用于各种类型和规模的组织；在标准构思和标准目的等方面出现了具有时代化气息的变化，过程的概念、顾客需求的考虑、持续改进的思想贯穿于整个标准，把组织的质量管理体系满足顾客需求的能力和程度体现在标准的要求之中，标志着质量认证已从单纯的质量保证转为以顾客为关注焦点的质量管理范畴。

1.3.2　6σ 管理技术

6σ 管理技术是一项旨在从每一件产品、过程和交易中几乎消除不合格的方法，是一项在全公司范围内改进过程性能的战略活动。它既可应用于制造业又可应用于服务业。6σ 管理模式是通过对顾客需求的理解，对事实、数据的规范使用、统计分析，以及对管理、改进、再发明业务流程的密切关注的一种综合性系统管理方法。6σ 管理技术将所有的工作作为一种流程，采用量化的方法分析流程中影响质量的因素，找出关键的因素加以改进。6σ 管理系统的实施步骤包括：辨别核心流程和关键顾客；定义顾客需求；评估公司当前绩效；辨别优先次序、分析和实施改进；为实现 6σ 管理法绩效实行流程管理。6σ 管理技术的基本原理如图 1.1 所示。

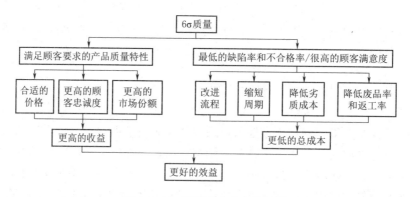

图 1.1　6σ 管理技术基本原理图

1.3.3　质量功能展开技术

质量功能展开（Quality Function Deployment，QFD）在 20 世纪 60 年代后期形成于日本。经过日本各行各业数十年的推广应用，在著名质量专家赤尾洋二（Akao Yoji）等学者的努力下，建立起了质量功能展开的理论框架和方法体系。质量功能展开是一种将顾客需求与质量特性的实现措施紧密结合的有效工具，提供了一种将顾客的需求转化为对应于产品开发和生产的每一阶段技术要求的途径，是在开发设计阶段对产品适用性实施全过程、全方位质量保证的系统方法；它以团队合作的方式正确了解顾客的需求，采用逻辑方法决定如何运用可用资源，根据顾客的声音来设计新产品或服务并持续不断探查市场对新产品或服务设计的反应，再反馈到系统中。质量功能展开技术其实质就是从市场要求的情报出发，把顾客的语言转换为工程设计人员的语言，既而纵向经过部件、零件展开至工序展开，横向进行质量展开、技术展开、成本展开和可靠性展开。

质量功能展开的核心内容是需求转换，质量屋是一种直观的矩阵框架表达形式，它提供了在产品开发中具体实现这种需求转换的工具。质量屋将顾客需求转换成产品和零部件特征并配置到制造过程，是建立质量功能展开系统的基础工具，质量屋的结构如图 1.2 所示，质量屋的构建流程如图 1.3 所示。

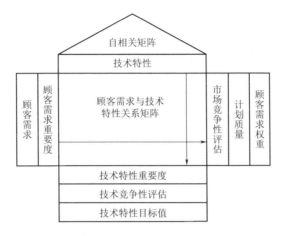

图 1.2 质量屋的结构

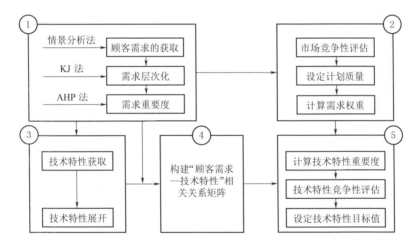

图 1.3 质量屋的构建流程

从图 1.2 可以看出，质量屋的一般形式由以下几个广义矩阵部分组成：左墙为输入项矩阵，表示需求是什么，包含顾客需求及其重要度；天花板表示针对需求怎么去做；房间为相关关系矩阵，表示顾客需求和技术特性之间的关系；屋顶表示技术特性的自相关矩阵；右墙为评价矩阵，表示从顾客的角度评估产品在市场上的竞争力；地下室为输出矩阵，即完成从"需求什么"到"怎么去做"的转换。

从质量屋的构建流程来看，首先需要对顾客需求的重要度进行评估，然后确定技术特性与顾客需求之间的关系度，以及技术特性间的相关度，最后进行加权评分以确定技术特性的重要度。同时，可对产品的市场竞争能力和技术竞争能力进行评估，并计算综合竞争能力。

目前，通过日美等国对 QFD 的深入研究和发展，形成了三种比较常见的 QFD 模式，即综合的 QFD 模式、ASI 的四阶段模式和 GOAL/QPC 的矩阵模式。综合 QFD 模式是把功能、成本、可靠性等要素单独展开作为顾客需求，以质量特性等要素为工程措施，借助质量屋进行重要度评估、关系度分析、相关指标设定等工作，顾客需求可与其他任何维组合展开，而其他各维两两之间也可组合展开。ASI 的四个阶段是将 QFD 方法贯穿产品设计到生产的整个循环过程，包括设计、零部件、工艺和生产，根据下道工序是上道工序的"用户"的原则，通过层层分解，最终设计出完整的产品或服务质量控制体系，ASI 的四阶段模式如图 1.4 所示。GOAL/QPC 矩阵模式认为 QFD 系统包含了生产商或供应商的所有成员，涉及产品开发过程诸方面的信息，在应用上缺乏可操作性。

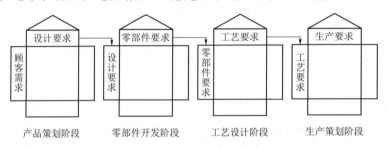

图 1.4　ASI 的四阶段模式

1.3.4　三次设计

20 世纪 70 年代，田口玄一创立了三次设计理论，他将产品的整个设计工作分为三个阶段，即系统设计（一次设计）、参数设计（二次设计）和容差设计（三次设计）。

1.3.4.1　系统设计

系统设计是决定产品的必要功能、基本结构以及质量指标的设计，它是"三次设计"的基础，也称为功能设计。系统设计可以使用计算和试验两种方法，用计算的方法进行设计不必做出样品而只用理论公式计算质量特性，并依据对计算结果的统计分析修改和完善系统设计；实验法就是进行某些模拟试验，以获得所需要的数据和结论。另外，对于重要的设计项目，还必须进行可行性分析，论证其技术的先进性和经济的合理性。

1.3.4.2　参数设计

参数设计是产品设计的核心工作，其指导思想是选择系统中所有参数的最佳值及最适宜的组合，使系统的质量特性波动小、稳定性好。在产品的制造和使用过程中，通过合理选择参数的组合，可以大大减少这种波动的程度，从而保持质量的稳定性。

一般的，产品的输出特性与参数的不同组合之间存在着非线性的函数关系。例如，以 u 表示产品的某种输出特性，x 为影响因素，则输出特性和影响因素的关系如图 1.5 所示。当因素 x 由 x_1 水平移动到 x_2 水平时，对应的特性值 u 将由 u_1 移动到 u_2。假定 x_1 水平和 x_2 水平的波动均为 Δx_1，则对应 u_1 和 u_2 的波动分别为 Δu_1 和 Δu_2。由于函数关系，对应的特征值 u 的波动 Δu_1 和 Δu_2 并不相等，Δu_2 要比 Δu_1 小得多，若此时的特性值要求越高越好，这种波动变化就达到了综合性的理想效果。若特性值以 u_1 为理想要求目标值时，则有 $u_2 - u_1 = M$ 的差值，此时要达到综合的理想效果，必须进一步利用非线性关系和因素水平匹配，设法消除（或弥补）M 值的差值。

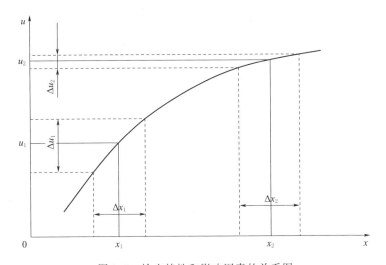

图 1.5　输出特性和影响因素的关系图

设 z 是与特性 u 呈线性关系的因素，参数 z 和输出特性的线性关系如图 1.6 所示。其线性关系为

$$u = \varphi(z) = az + b \tag{1.1}$$

由于 $\mathrm{d}\varphi(z)/\mathrm{d}z = a$（常数），故因素 z 并不影响参数 x 同输出特性 u 之间的变化关系。这样既能保持输出特性波动小的优点，又能通过改变 z 值的大小使输出特性 u 值由 u_2 调回到 u_2^*，减少了 M。因此只要合理选择 u_2，可以使输出特性的波动减小到所要求的程度，然后根据目标值 u_1 及 x_2，选择合理的 z 值，使其保持 u_1 的数值。

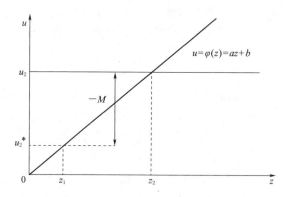

图 1.6　参数 z 和输出特性的线性关系图

1.3.4.3　容差设计

1.3.4.3.1　容差设计的概念

容差设计是在确定了最佳参数组合以后，进一步运用统计方法确定各个参数的允许极限，并分析研究参数允许范围和产品成本的关系，从而确定各参数的最合理的容差，使总损失最小。

1.3.4.3.2　质量损失函数

产品质量客观存在波动，波动有可能造成损失，所以质量损失大小与波动程度相关。质量损失函数是指产品质量的特征值偏离设计的目标值所造成的经济损失随偏离程度的变化关系。设产品的质量特性值为 y，目标值为 m。当 $y \neq m$ 时，则造成质量损失，且 $|y-m|$ 越大，损失越大。设与质量特性值 y 相应的损失为 $L(y)$，若 $L(y)$ 在 $y=m$ 处存在二阶导数，按泰勒级数展开有[102]：

$$L(y) = L(m) + \frac{L'(m)}{1!}(y-m) + \frac{L''(m)}{2!}(y-m)^2 + o[(y-m)^2] \quad (1.2)$$

假定当 $y=m$ 时，$L(y)=L(m)=0$，且 $y=m$ 时损失最小，即 $L'(m)=0$。略去二阶以上的高阶项，有

$$L(y) = k_1(y-m)^2 \quad (1.3)$$

$$k_1 = A_0/\Delta_0^2 = A/\zeta^2 \quad (1.4)$$

其中 $k_1 = L''(m)/2!$ 为常数。式（1.3）表示的函数为质量损失函数，$L(y)$ 表示产品特性值为 y 时相应的损失。质量损失函数如图 1.7 所示。

一般可根据功能界限 Δ_0 和丧失功能的损失 A_0 或容差 ζ 及不合格损失 A 确定 k_1，见式（1.4），k_1 的确定方法如图 1.8 所示。从式（1.3）可以看出，产品质量损失与质量特性值偏离目标值 m 的偏差平方成正比，这说明不仅不合格品会造成损失，即使合格品（只要它偏离目标值 m）也会造成损失，而且，

质量特性值偏离目标值 m 越远，造成的损失也越大。

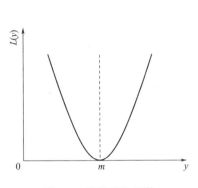

图 1.7 质量损失函数

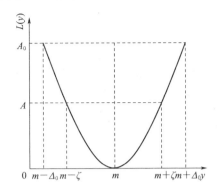

图 1.8 k_1 的确定方法

1.3.4.3.3 容差的确定

设产品容差 $\zeta = \mid y_0 - m \mid$，质量特性值 y 对 m 的偏离达到容差 ζ 时，不合格所造成的损失为 A。由式（1.4）可得 $k_1 = A_0 / \Delta_0^2$，则质量损失函数与产品特性值功能界限的关系为

$$L(y) = A_0 (y - m)^2 / \Delta_0^2 \tag{1.5}$$

当 $y = m \pm \zeta$ 时，$L(y) = A_0 (m \pm \zeta - m)^2 / \Delta_0^2 = A$，则

$$\zeta = \sqrt{\frac{A}{A_0}} \Delta_0 \tag{1.6}$$

1.3.5 接力技术

接力操作机制的建立：

（1）接力运行机制：接力操作的实施主要体现在工序与工序之间的结合环节上，其关键在一个"接"字，下道工序应主动地去接应上道工序，应有超前准备[10]。

（2）接力保证机制：其关键在于一个"储"字，储的内容包括资金、技术、设备、物资、劳务、综合服务和管理能力等。

（3）快速调整机制：其关键在于一个"放"字，当出现失控、脱节、中断等异常状态时，能够快速反应并进行及时调整，使其恢复正常的运作模式。

（4）接力控制机制：其关键在于一个"控"字，通过一系列软、硬手段和方法，实现项目工序的各项目标。

1.4 研究目的及意义

本书在大坝混凝土施工实践及现代质量控制技术的基础上，提出了大坝混凝土施工质量控制新理论、新技术。其研究意义如下：

（1）研究大坝混凝土施工质量控制新理论，有利于质量管理理论的拓展与提升。

（2）创建大坝混凝土施工质量控制新技术及新方法，有利于高效解决质量控制中的协调、资源配置、工序交接等复杂问题。

（3）完善我国混凝土施工质量控制技术体系，减少大坝混凝土施工的质量缺陷，为混凝土坝的高质量快速施工、创造无裂缝大坝奠定基础。

（4）提高工程质量控制水平，有助于提升我国在混凝土施工技术上的综合优势，进一步产生成果的延伸效益，有力拓展我国大坝混凝土施工在国际上的市场空间。

1.5　研究内容及结构

1.5.1　主要研究内容

本书结合三峡三期工程实际，研究了大坝混凝土施工质量控制的新理论、新技术及新工艺。主要包括以下内容。

（1）大坝混凝土施工质量控制技术研究。本书在第 2 章中研究了大坝混凝土施工质量控制新理论、新技术及新工艺，如在接力技术理论及行动者网络理论的基础上，以工序交接形成的链或网作为研究对象，提出了接力链的概念，并将接力链应用于大坝混凝土施工质量控制中形成了接力链无缝交接技术、接力链网络技术和接力链螺旋循环技术；针对田口质量损失函数无法描述生产实践中存在的质量补偿效果，在赋予了泰勒级数展开式中常数项的物理意义——质量补偿的基础上，提出了质量损益函数，讨论了质量损益过程均值设计方法，应用质量损益函数构建了大坝混凝土施工质量容差优化模型及质量损益传递 GERT 网络模型；根据水利水电工程的特点，从施工总承包商的视角，提出了水利水电工程分包商选择决策评价指标体系，为总承包商提供一种基于 BP 神经网络算法的水电工程分包商选择决策方法，研究了大坝混凝土施工中总承包商与分包商组成的建设供应链中总承包商在不同信息环境下的质量监督决策及质量保证金扣留策略。

（2）大坝混凝土生产及施工工艺的改进。本书在第 3 章中结合三峡工程实际，研究了大坝混凝土生产质量控制及大坝混凝土施工关键工艺的实施方法和措施，改进了大坝混凝土施工质量控制技术。

（3）三峡三期工程大坝混凝土施工质量控制实例研究。本书在第 4 章中分别从运作机制、保证机制、快速反应机制及约束机制分析了三峡三期工程中接力链运行的过程，研究了接力链无缝交接技术、接力链网络技术及接力链螺旋循环技术在三峡三期工程大坝混凝土施工质量控制中的应用。以混凝土生产系统出机口温度最优过程均值设计,大坝混凝土施工系统质量特性的容差优化与再分配及大坝混凝土夏季施工关键质量路线及关键质量工序的测算为例,研究了质量损益函数在三峡三期工程大坝混凝土施工质量控制中的应用。

（4）结论与展望。本书在第5章中对书中主要研究成果进行了总结,对今后的研究方向进行了展望。

1.5.2 本书结构

本书主要研究内容结构如图1.9所示。

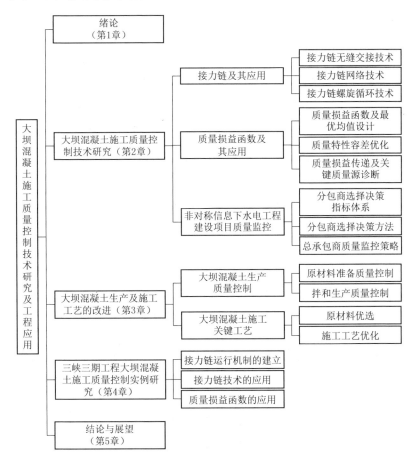

图 1.9 主要研究内容结构

第2章　大坝混凝土施工质量控制技术研究

2.1　接力链及其应用

2.1.1　问题的提出

2.1.1.1　接力链概念的提出

接力技术仅以工序为研究对象，提出了工序自动衔接的思想，强调"上下道工序互为对方服务"的观点，但没有将工序交接形成的链或网作为研究对象。大坝混凝土施工中工程量大，工序众多，每完成一个仓次需经历多道工序，涉及多个部门和作业队。在这样一个大系统中，独立研究上下道工序间的相互影响可能会出现误差或错误，从而给工程带来损失。若在工序交接形成的链或网中研究上下道工序间的关系会得到积极的效果，如可解释工序与工序间是如何做到高效交接或转译从而达到无缝交接，可阐述工序间是如何进行资源优化配置从而在确保工期的同时提高工程质量。为此，本节将工序交接形成的链或网作为研究对象，在接力技术及行动者网络理论的基础上，提出了接力链的概念。

2.1.1.2　接力链无缝交接技术的提出

典型的计划管理方法包括甘特图[103,104]、网络计划法[105,106]等及可视化施工计划[107,108]，在其应用中都不考虑工序交接所占用的时间。但在实际操作中，因不重视工序衔接环节及衔接环节外部关联环节的创造，工序交接是占用时间的，有时甚至比工序本身还要长，为了保证施工工期，就必须加大施工强度，从而破坏了生产的均衡性，导致工程质量下降。工程项目技术复杂，涉及工艺过程较多，在施工管理中任何工序交接的细小延误都可能造成严重的后果，不仅仅是总工期的延误，还会造成资源的大量浪费、成本失控、质量下降等，故以工序交接形成的链或网作为研究对象，研究无缝交接技术在工程的质量和进度控制中具有重要意义。

2.1.1.3　接力链网络技术的提出

以工序交接形成的链或网作为研究对象，接力链无缝交接技术解释了前后工序间的高效交接或转译，但该技术没有解决平行工序间的相互协作、交叉施工及资源的调配过程。现有的网络计划技术可反映各项工作的逻辑关系、找出在编制计划及计划执行过程中的关键路线及对各项工作安排的评价和审查，然而，网络计划技术无法反映各节点的微观活动。为此，结合网络计划技术及接力链无缝交接技术的优势，提出了接力链网络技术，以反映平行工序间的相互协作、交叉施工及资源的调配过程。

2.1.1.4 接力链螺旋循环技术的提出

传统的 PDCA 循环理论是提高产品质量、改善企业运营管理的重要方法，在其多年的应用中获得了巨大的成效，同样也出现了许多问题，具体如下：

（1）循环过程缺乏创新。它只是让人如何完善现有工作，所以这导致惯性思维的产生，作为"Check"环节，容易陷入模式思维，即是否按预定框架实现，这也可能抹杀创新灵感。

（2）PDCA 各个部门相互独立，各环节都是固定的，按章办事，缺乏信息的沟通及相互协作的意识。

（3）受"下一个环节就是用户""用户就是上帝"思想的局限，没有"上下环节互为对方服务"的意识，即不存在接力的思想，P、D、C 及 A 前后各环节交接占用时间较多，从而造成延误。

（4）一些重要的信息并不是从检验数据上反映出来的，如施工人员的某些想法，由于自身知识条件有限，是没有办法用数据表达的，从而忽略了一些重要的信息来源。

虽然 PDCA 循环广泛应用于各个领域，但是少见对该理论本身的研究。为了解决循环过程缺乏创新的问题，一些学者对循环本身做了一些改进，如在"Do"环节中加入一部分"Try"的思想，可有助于发现寻求新的东西，在"Check"环节中加入一部分"Study"思想，站在学习的心态发现问题（戴明博士也是主张此观点的，即 PDSA 循环）。为了应对生产中的突发状况，除原始计划外，制定临时补充计划[109]；为了保证改进工作符合区域行业经济和社会发展，提取并强化了 R（Research，调研）环节，形成新的 R‑PDCA 循环[110]。兖州煤业公司结合煤炭行业特色，创造性地提出了三维 PDCA 循环，使得 PDCA 在各时间段、各流程、各环节上三维推进质量工作[111]。已有研究虽然在执行过程中针对不同的领域赋予了新的思想，发挥了不同的作用，但没有根本解决以上提出的问题。另外，PDCA 原理在应用中存在的问题也反映了其工作效率有待提高。基于此，本书提出了接力链螺旋循环技术。

2.1.2 接力链

2.1.2.1 接力技术

定义 2.1[3]：接力技术是指在完成某一工序时要以接力赛跑的运行要求来

实现其既定目标的一种技术，即当接到上道工序交来的任务时，必须事先做充分准备，争取以最快的速度用最佳的方式把任务接过来，高效优质安全地完成本道工序，以最好的传递方式把任务交下去，使下道工序满意，每个环节都确保各道工序最佳的质量、数量和准时，使工作全过程最优。

2.1.2.2　接力链的定义

制约管理理论、系统管理理论、危机管理理论及界面管理理论等丰富了接力技术的理论基础。在实践上，武汉钢铁集团民用建筑工程有限责任公司首次将接力技术运用于武钢印刷厂综合楼工程，分项工程合格率比计划提高了 10.5%，工期比计划提前了 30%，成本降低了 3.22%，增加产值 30 余万元，各项经济指标均超额完成。三峡三期工程 120 栈桥的施工，自安装施工开始，机电金结安装项目部、设备中心、150 项目部及七公司认真搞好接力赛，共同协作，积极安排，一方面加强预制梁吊装的安全措施，另一方面保证栈桥路混凝土浇筑的进度，从而使栈桥最后一节大梁提前吊装就位，它为保证三峡三期大坝按工期达到 158.00m 高程创造了先决条件。已有研究讨论较多的是接力技术的理论支撑或是提高接力技术的方法措施，其研究对象仅仅针对工序与工序的交接，并没有将工序交接形成的链或网作为研究对象，基于此提出了接力链的概念。

定义 2.2：接力链是指生产活动中工序与工序之间通过运作、协作及交接过程形成的从起始工序到终止工序的接力网链，每道工序相当于链中的一环，环环相扣，形成一个相互联系的整体。

接力链技术中工序交接的基本原理与接力赛跑中接力棒的交接原理类似，即交棒者和接棒者之间在没有相对速度时交接棒，能够有较高的保证率，交接速度增大时，可使整个运动时间减少。由于工程量为一定值，交接速度增大时，能够使均衡速度减小，从而在保证工期的情况下提高质量。

2.1.3　接力链无缝交接技术

2.1.3.1　定义与假设

定义 2.3：接力链无缝交接（relay chain seamless handover，RCSH）技术是指根据接力链理论及其操作方法和行动者网络理论，实现工序交接不占用时间的一种质量控制技术。强调各部门与整体同步运作，坚持正点，力争提前对接，针对失控状态，利用资源的储备和释放，实现工序的均衡施工。

本章中接力链无缝交接在无特殊说明下均指接力链无缝动态交接，为了便于对比分析，在 2.1.3.3 小节中构造了单接力链无缝静止交接，此交接是接力链无缝动态交接中交接速度为零的特殊情况。

定义 2.4：均衡速度是指在考虑工序（工程）难易程度、设备的配置与使用率及资源储备的情况下，每一权值平均每天完成工程量的大小。均衡速度也称工作速度。均衡速度的计算公式如下[112]：

$$v_i = \frac{M}{T \sum_{l=1}^{5} Q_{il} X_{il} PS/(\lambda N)} \tag{2.1}$$

令 $\gamma = \sum_{l=1}^{5} Q_{il} X_{il} PS/(\lambda N)$，有 $v = M/(T\gamma)$。

假设 2.1：任一工序从开始施工（起始或交接速度）到均衡速度或从均衡速度到结束施工（交接速度或终止）为均加速过程。

2.1.3.2 符号含义

设 i、j、k 为依次相接工序：

M——工序的工程量大小，工日；

T——工序的计划工期，工日；

$1/N$——工序的难易程度（非常难 0.2，难 0.4，中等 0.6，容易 0.8，非常容易 1）；

Q_{il}——第 i 个工序第 l 种职称的权值（1—教高，权值 9；2—高工，权值 7；3—工程师，权值 5；4—助工，权值 3；5—技工，权值 1）；

X_{il}——第 i 个工序第 l 种职称的人数；

P——设备的配置，按优良中差区分，分别记为 1、0.8、0.6、0.4；

S——设备的使用率，按使用率的高低，分别记为 1、0.8、0.6、0.4；

λ——资源储备系数，接力链运行的保证体系主要在于各种运行条件的具备，包括人才、物资、劳务、设备、资金、技术等，根据工序的具体特点，储备系数应达到理论值的 λ（$\lambda \geqslant 1$）倍，对于超常规施工工序，储备系数将更高；

t_{i1}、t_{j1}、t_{k1}——工序 i、j、k 的起始时刻；

t_{i2}、t_{j2}、t_{k2}——工序 i、j、k 的完成时刻；

t_{ij}、t_{jk}——工序 i，j、j、k 的交接时间 $t_{ij} = t_{j1} - t_{i2}$，$t_{jk} = t_{k1} - t_{j2}$；

a_{i1}、a_{j1}、a_{k1}——工序 i、j、k 从起始时刻或交接速度到均衡速度的加速度；

a_{i2}、a_{j2}、a_{k2}——工序 i、j 从均衡速度到完成时刻或交接速度的加速度；

v_{i0}、v_{j0}、v_{k0}——工序 i、j、k 在传统交接下达到的均衡速度；

v_{i1}、v_{j1}、v_{k1}——工序 i、j、k 在无缝静止交接下达到的均衡速度；

v_{i2}、v_{j2}、v_{k2}——工序 i、j、k 在无缝交接下达到的均衡速度；

u——工序交接计算速度，取前后交接工序均衡速度的最小值；

β——交接速度折算系数，$\beta = 0.85 \sim 0.95$；

w——工序交接速度，$w = \beta u$；

r_{ij}、r_{jk}——工序 i、j，j、k 的交接缓冲时间，r_{ij}、$r_{jk}=0.1\sim0.3$；

z_{ij}、z_{jk}——工序 i、j，j、k 的准备交接时间，接力链无缝交接技术认
为上下道工序应有一定的搭接，下道工序应主动地去接上道
工序，应有超前的准备，这一过程如接力赛跑中接棒运动员
提前起跑，加速到某一交接速度。一般的，z_{ij}、$z_{jk}=0.2\sim$
0.4，三峡三期工程大坝混凝土施工中 $z=0.25$。

2.1.3.3 单接力链无缝交接

2.1.3.3.1 传统单工序与单工序交接

传统工序交接不存在接力过程，仅是工序的简单交接，且交接是占用时间的，
交接时间不产生有效工程量，交棒后还必须从零速起跑，均衡速度势必会很大，从
而增大了完工风险，降低了工程质量。传统单工序与单工序交接如图 2.1 所示。

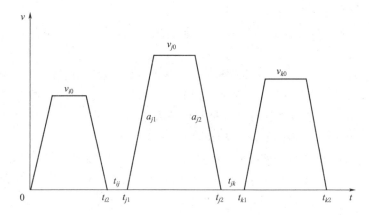

图 2.1 传统单工序与单工序交接示意图

传统工序均衡速度 v_{j0} 满足以下方程的解：

$$\frac{v_{j0}^2}{2a_{j1}}+\frac{v_{j0}^2}{2\mid a_{j2}\mid}+\left(T_j-t_{ij}-\frac{v_{j0}}{a_{j1}}-\frac{v_{j0}}{\mid a_{j2}\mid}\right)v_{j0}=\frac{M_j}{\gamma_j} \qquad (2.2)$$

因 $v_{j0}=\dfrac{(T_j-t_{ij})+\sqrt{(T_j-t_{ij})^2-\left(\dfrac{1}{a_{j1}}+\dfrac{1}{\mid a_{j2}\mid}\right)\dfrac{2M_j}{\gamma_j}}}{1/a_{j1}+1/\mid a_{j2}\mid}>\dfrac{T_j-t_{ij}}{1/a_{j1}+1/\mid a_{j2}\mid}$

$\qquad=\dfrac{a_{j1}\mid a_{j2}\mid}{a_{j1}+\mid a_{j2}\mid}(T_j-t_{ij})=v_{j0\max}$

不符舍去，以下证明同。故

$$v_{j0}=\frac{(T_j-t_{ij})-\sqrt{(T_j-t_{ij})^2-\left(\dfrac{1}{a_{j1}}+\dfrac{1}{\mid a_{j2}\mid}\right)\dfrac{2M_j}{\gamma_j}}}{1/a_{j1}+1/\mid a_{j2}\mid} \qquad (2.3)$$

2.1.3.3.2 单接力链无缝交接（静止）

无缝静止交接即接棒者原地不动等待接棒。这种接棒方式很稳妥，交接棒也不占用时间，但交棒者必须大大减速，接棒者从零启动再加速[113]。无缝静止交接体现了工序的接力，即前一工序的"交"和后一工序的主动"接"这一接力过程。单接力链无缝静止交接如图2.2所示。

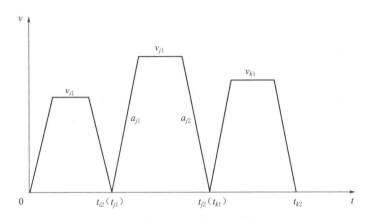

图 2.2　单接力链无缝静止交接示意图

式（2.3）中令 $t_{ij}=0$，则有单接力链无缝静止交接下，工序 j 的均衡速度：

$$v_{j1} = \frac{T_j - \sqrt{T_j^2 - \left(\dfrac{1}{a_{j1}} + \dfrac{1}{|a_{j2}|}\right)\dfrac{2M_j}{\gamma_j}}}{1/a_{j1} + 1/|a_{j2}|} \tag{2.4}$$

2.1.3.3.3 单接力链无缝交接

接力比赛中为了减少加速期间所占用的时间，交棒者在交棒前减速，接棒者在接棒前开始助跑加速，加速到一定程度时接棒，再保持最好的跑步速度直到将"接力棒"交给下一个接棒者手中。接力链无缝交接与此过程类似。

接力链无缝交接中工序交接不仅不占用时间，而且每一工序的均衡速度与前后工序的均衡速度相关。交棒者不必在速度为零时交棒，接棒者也不必从零启动再加速。为保证前后工序交接平稳，牺牲一些交接速度，即交接速度小于均衡速度。紧前工序把速度下降至交接速度，紧后工序提前做准备，将速度提高到交接速度（准备过程可认为是加速过程）。当完成交接后，外向工序从交接速度加速至均衡速度，这种交接具有稳定性高、交接失误概率小的优点。单接力链无缝交接如图2.3所示，单接力链无缝交接流程如图2.4所示。

工序 i、j、k 的均衡速度 v_{i2}、v_{j2}、v_{k2} 分别满足方程（2.5）～方程（2.7）的解：

$$\frac{v_{i2}^2}{2a_{i1}} + \frac{1}{2}r_{ij}w_{ij} + \frac{v_{i2}^2 - w_{ij}^2}{2|a_{i2}|} + \left(T_i - \frac{v_{i2}}{a_{i1}} - \frac{v_{i2} - w_{ij}}{|a_{i2}|} - \frac{1}{2}r_{ij}\right)v_{i2} = \frac{M_i}{\gamma_i} \tag{2.5}$$

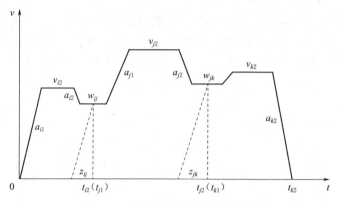

图 2.3　单接力链无缝交接示意图

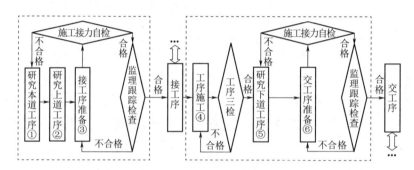

图 2.4　单接力链无缝交接流程图

注　1. 研究本道工序的施工重难点、人员设备配置、施工中可能存在的协作与资源调配情况，本道
　　　工序自身要创造的接受条件。

　　2. 研究上道工序的施工特点、上道工序需要满足的交接要求。

　　3. 充分研究工序交接的最佳操作方法，使衔接状态最优；研究交接过程中的临时性、突发性、
　　　不确定性的交接措施。

　　4. 以优质、低耗和激进的姿态完成任务，提出确保实施计划的得力措施。

　　5. 研究下道工序的施工特点、人员设备配置情况、下道工序需要满足的交接要求。

　　6. 认真检查本道工序作业结果能否满足下道工序的要求，按照要求解答与下道工序交接中可能
　　　提出的各种问题，使衔接状态最佳。

$$\frac{1}{2}r_{ij}w_{ij} + \frac{v_{j2}^2 - w_{ij}^2}{2a_{j1}} + \frac{1}{2}r_{jk}w_{jk} + \frac{v_{j2}^2 - w_{jk}^2}{2|a_{j2}|}$$

$$+ \left(T_j - \frac{1}{2}r_{ij} - \frac{1}{2}r_{jk} - \frac{v_{j2} - w_{ij}}{a_{j1}} - \frac{v_{j2} - w_{jk}}{|a_{j2}|}\right)v_{j2} = \frac{M_j}{\gamma_j} \qquad (2.6)$$

$$\frac{1}{2}r_{jk}w_{jk} + \frac{v_{k2}^2 - w_{jk}^2}{2a_{k1}} + \frac{1}{2}r_{kl}w_{kl} + \frac{v_{k2}^2 - w_{kl}^2}{2|a_{k2}|}$$

$$+ \left(T_k - \frac{1}{2}r_{jk} - \frac{1}{2}r_{kl} - \frac{v_{k2} - w_{jk}}{a_{k1}} - \frac{v_{k2} - w_{kl}}{|a_{k2}|}\right)v_{k2} = \frac{M_k}{\gamma_k} \qquad (2.7)$$

工序均衡速度求解如下：

每一接力点处工序交接计算速度 u 有两个均衡速度可选。若有 n 个接力点，则有 2^n 种选择。令集合 $\Omega = \{d_1 = \{u_{ij}^1, u_{jk}^1, \cdots, u_{n-1,n}^1\}, d_2 = \{u_{ij}^2, u_{jk}^2, \cdots, u_{n-1,n}^2\}, \cdots, d_n = \{u_{ij}^{2n}, u_{jk}^{2n}, \cdots, u_{n-1,n}^{2n}\}\}$，依次选取集合 Ω 中的元素 d，计算对应的交接速度并将其代入式（2.5）~式（2.7），求得各工序的均衡速度，再将对应的工序交接计算速度与 d 中的工序交接计算速度比较，若不符合逻辑关系则舍弃，直到满足逻辑关系的元素 d。

2.1.3.4 多接力链无缝交接

2.1.3.4.1 单一工序与多工序交接

单一工序与多工序交接是指一道工序完成后并传给多个工序。由上道工序与下道工序交接相对速度越小，则接力的效率越高这一接力链运行原理可知，工序在同一交接速度交接时效率较高。单一工序与多工序交接如图 2.5 所示。单一工序与多工序交接流程如图 2.6 所示。

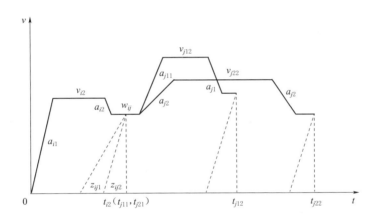

图 2.5　单一工序与多工序交接示意图

工序均衡速度求解如下：

假设紧前单一工序与紧后多工序接力点处的交接计算速度 $u_{ij}' = v_{i2}$，则对应的交接速度 $w_{ij}' = \beta v_{i2}$，由 2.1.3.3 小节中工序均衡速度求解方法，分别计算单一工序及紧后工序所在单接力链中的相对均衡速度，即 v_{i2}'，v_{j12}'，v_{j22}'，$\cdots$，v_{jm2}'，m 为单一工序与多工序接力点紧后工序个数，

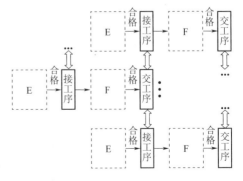

图 2.6　单一工序与多工序交接流程图

令 $\min\ \{v_{i2}{}',v_{j12}{}',v_{j22}{}',\cdots,v_{jm2}{}'\}$ 对应的工序为 q，由工序交接计算速度 $u_{ij}=v_{q2}$ 及 2.1.3.3 小节中工序均衡速度求解方法，分别计算单一工序与外向工序所在单接力链中各工序的均衡速度。

2.1.3.4.2　多工序与单一工序交接

由于各紧前工序的计划工期不同，故完成时间也不同。若紧前工序均实现后再与紧后工序交接不仅浪费资源，而且影响工程的正常运转。为了保证各工序按期交接，且保证交接效率，紧前工序（计划工期非最大工序）与紧后工序分别交接，且交接后并不加速施工，而假设按照各自交接速度向前推进，再减速至交接速度 $w_{ij}=\beta v_{ij}$。待计划工期最大工序完成，与紧后工序交接后加速至紧后工序的均衡速度。多工序与单一工序交接如图 2.7 所示，多工序与单一工序交接流程如图 2.8 所示。

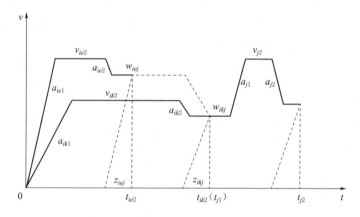

图 2.7　多工序与单一工序交接示意图

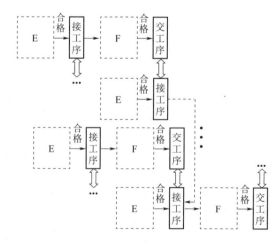

图 2.8　多工序与单一工序交接流程图

工序均衡速度求解如下：

设紧前工序 $i1,i2,\cdots,im$ 对应的计划工期为 $T_{i1},T_{i2},\cdots,T_{im}$，$m$ 为紧前工序个数，取 $\max\{T_{i1},T_{i2},\cdots,T_{im}\}=T_{ik}$，$k\in\{1,2,\cdots,m\}$。令最大工期紧前工序与紧后单一工序接力点处的交接计算速度 $u_{ij}'=v_{j2}$，则对应的交接速度 $w_{ij}'=\beta v_{j2}$。由 2.1.3.3 小节中工序均衡速度求解方法，分别计算最大工期紧前工序与紧后单一工序所在接力链中的相对均衡速度，即 v_{ik2}',v_{j2}'。令 $\min\{v_{ik2}',v_{j2}'\}$ 对应的工序为 q，设工序交接计算速度 $u_{ij}=v_{q2}$，由 2.1.3.3 小节中工序均衡速度求解方法，分别计算最大工期紧前工序与紧后单一工序所在单接力链中各工序的均衡速度。将 $u_{iej}^{1}=v_{ie2}$，$u_{iej}^{2}=v_{j2}$，（$e=1,2,\cdots,k-1,k+1,\cdots,m$）分别代入式（2.5）求出工序 ie 的对应均衡速度 v_{ie2}^{1},v_{ie2}^{2}，由工序交接原理可得工序 ie 的均衡速度 $v_{ie2}=\max\{v_{ie2}^{1},v_{ie2}^{2}\}$。

2.1.3.4.3 多工序与多工序交接

多工序与多工序交接可分解为多工序与单一工序 $b(T_b=0)$ 交接，再由单一工序 b 与多工序交接，既具有单工序与多工序交接的特点，又具有多工序与单一工序交接的特点。多工序与多工序交接如图 2.9 所示，多工序与多工序交接流程如图 2.10 所示。

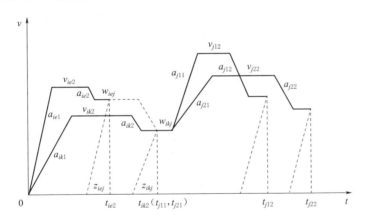

图 2.9　多工序与多工序交接示意图

工序均衡速度求解如下：

设紧前工序 $i1,i2,\cdots,im$ 对应的计划工期为 $T_{i1},T_{i2},\cdots,T_{im}$，$m$ 为紧前工序个数，取 $\max\{T_{i1},T_{i2},\cdots,T_{im}\}=T_{ik}$，$k\in\{1,2,\cdots,m\}$。设 $j1,j2,\cdots,jy$ 为紧后工序，y 为紧后工序个数。令最大工期紧前工序与紧后某一工序接力点处的交接计算速度 $u_{ij1}'=v_{jp2}$，$p=1,2,\cdots,y$，则对应的交接速度 $w_{ij}'=\beta v_{jp2}$，由 2.1.3.3 小节中工序均衡速度求解方法，分别计算最大工期紧前工序与紧后单一工序所在接力链中的相对均衡速度，即 v_{ik2}'，v_{jp2}'。令 $\min\{v_{ik2}',v_{jp2}'\}$

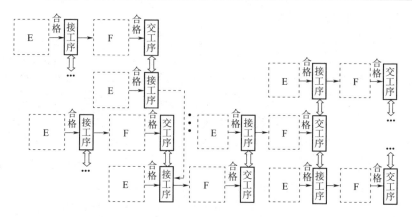

图 2.10　多工序与多工序交接流程图

对应的工序为 $q1$，则最大工期紧前工序与该紧后工序的交接计算速度 $u_{ij1} = v_{q12}$。同理可得，最大工期紧前工序与其他各紧后工序交接计算速度 $u_{ij2} = v_{q22}$，$u_{ij3} = v_{q32}$，$\cdots$，$u_{ijy} = v_{qy2}$。令 $\min\{u_{ij1}, u_{ij2}, u_{ij3}, \cdots, u_{ijy}\}$ 对应的工序为 ok，则最大工期紧前工序与紧后工序的交接计算速度取 $u_{ij} = u_{ok2}$，由 2.1.3.3 小节中工序均衡速度求解方法求得最大工期紧前工序及紧后工序的均衡速度。将 $u_{iej}{}^1 = v_{j12}$，$u_{iej}{}^2 = v_{j22}$，$\cdots$，$u_{iej}{}^y = v_{jy2}$，$u_{iej}{}^{y+1} = v_{ie2}$，$e = 1, 2, \cdots, k-1, k+1, \cdots, m$，分别代入式（2.5）求出工序 ie 的对应均衡速度为 $v_{ie2}{}^1, v_{ie2}{}^2, \cdots, v_{ie2}{}^y, v_{ie2}{}^{y+1}$，由工序交接原理可得工序 ie 的均衡速度 $v_{ie2} = \max\{v_{ie2}{}^1, v_{ie2}{}^2, \cdots, v_{ie2}{}^y, v_{ie2}{}^{y+1}\}$。

2.1.3.5　对比分析

以单接力链为例讨论接力链无缝交接较传统工序交接具有的特点，多接力链无缝交接与传统工序交接比较能够获得相同的结论。

i、j、k 为依次相接工序，令工序 i：人员配置 10 人（工程师 1 人、助工 2 人、技工 7 人），计划工期 $T_i = 6$，工程量 $M_i = 60$，难易程度 $1/N_i = 0.95$，设备的配置及使用率分别为 $P_i = 0.99$、$S_i = 0.95$，资源储备系数 $\lambda_i = \lambda_j = \lambda_k = 1.2$，加速度 $a_{i1} = 3$、$a_{i2} = -3$。令工序 j：人员配置 15 人（工程师 1 人、助工 3 人、技工 11 人），计划工期 $T_j = 8$，工程量 $M_j = 120$，难易程度 $1/N_j = 0.9$，设备的配置及使用率分别为 $P_j = 0.98$、$S_j = 0.95$，加速度 $a_{j1} = 2$、$a_{j2} = -2$。令工序 k：人员配置 12 人（工程师 1 人、助工 2 人、技工 9 人），计划工期 $T_k = 6$，工程量 $M_k = 72$，难易程度 $1/N_k = 0.95$，设备的配置及使用率分别为 $P_k = 0.98$、$S_k = 0.95$，加速度 $a_{k1} = 2$、$a_{k2} = -2$。

2.1.3.5.1　不同情况下均衡速度计算

令传统的施工工序 i、j 交接时间 $t_{ij} = 0.5$，将已知数据代入式（2.3）和式（2.4）可得工序 j 的均衡速度分别为 $v_{j0} = 0.98$，$v_{j1} = 0.91$。v_{j2} 均衡速度求

解如下（令交接速度折算系数 $\beta = 0.9$）：

$\Omega = \{d_1 = \{u_{ij} = v_{j2}, u_{jk} = v_{j2}\}, d_2 = \{u_{ij} = v_{i2}, u_{jk} = v_{k2}\}, d_3 = \{u_{ij} = v_{j2}, u_{jk} = v_{k2}\}, d_4 = \{u_{ij} = v_{i2}, u_{jk} = v_{j2}\}\}$，当取 $d_1 = \{u_{ij} = v_{j2}, u_{jk} = v_{j2}\}$ 时，将 $w_{ij} = \beta v_{j2}$，$w_{jk} = \beta v_{j2}$ 代入方程（2.5）～方程（2.7），可得（方便计算令 $w_{kl} = 0$，$w_{kl} \neq 0$ 时计算方法相同）：

$$v_{i2}^{d1} = \frac{T_i - \frac{\beta v_{j2}^{d1}}{|a_{i2}|} - \frac{1}{2}r_{ij} - \sqrt{\left(T_i - \frac{\beta}{|a_{i2}|} - \frac{1}{2}r_{ij}\right)^2 + \left(\frac{1}{a_{i1}} + \frac{1}{|a_{i2}|}\right)\left(r_{ij}\beta v_{j2}^{d1} - \frac{1}{|a_{i2}|}\beta^2 v_{j2}^{d1\,2} - \frac{2M_i}{\gamma_i}\right)}}{1/a_{i1} + 1/|a_{i2}|}$$

$$(2.8)$$

$$v_{j2}^{d1} = \frac{\left[T_j - \frac{1}{2}(1-\beta)(r_{ij} + r_{jk})\right] - \sqrt{\left[T_j - \frac{1}{2}(1-\beta)(r_{ij} + r_{jk})\right]^2 - 2\left[\frac{(1-\beta)^2}{a_{j1}} + \frac{(1-\beta)^2}{|a_{j2}|}\right]\frac{M_j}{\gamma_j}}}{(1-\beta)^2(1/a_{j1} + 1/|a_{j2}|)}$$

$$(2.9)$$

$$v_{k2}^{d1} = \frac{T_k - \frac{1}{2}r_{jk} + \frac{\beta v_{j2}^{d1}}{a_{k1}} - \sqrt{\left(T_k - \frac{1}{2}r_{jk} + \frac{\beta v_{j2}^{d1}}{a_{k1}}\right)^2 + \left(\frac{1}{a_{k1}} + \frac{1}{|a_{k2}|}\right)\left(r_{jk}\beta v_{j2}^{d1} - \frac{\beta^2 v_{j2}^{d1\,2}}{a_{k1}} - \frac{2M_k}{\gamma_k}\right)}}{1/a_{k1} + 1/|a_{k2}|}$$

$$(2.10)$$

将数据代入式（2-8）～式（2.10）求得 $v_{i2}^{d1} = 0.84$，$v_{j2}^{d1} = 0.862$，$v_{k2}^{d1} = 0.844$，故 $v_{i2}^{d1} < v_{j2}^{d1}$，且 $v_{k2}^{d1} < v_{j2}^{d1}$。这与 $d_1 = \{u_{ij} = v_{j2}, u_{jk} = v_{j2}\}$ 矛盾，故舍去。取 $d_2 = \{u_{ij} = v_{i2}, u_{jk} = v_{k2}\}$，将 $w_{ij} = \beta v_{i2}$，$w_{jk} = \beta v_{k2}$ 代入方程（2.5）～方程（2.7），可得

$$v_{i2}^{d2} = \frac{T_i - \frac{1}{2}r_{ij}(1-\beta) - \sqrt{\left[T_i - \frac{1}{2}r_{ij}(1-\beta)\right]^2 - 2\left[\frac{1}{a_{i1}} + \frac{(1-\beta)^2}{|a_{i2}|}\right]\frac{M_i}{\gamma_i}}}{1/a_{i1} + 1/|a_{i2}|}$$

$$(2.11)$$

$$v_{k2}^{d2} = \frac{T_k - \frac{1}{2}r_{jk}(1-\beta) - \sqrt{\left[T_k - \frac{1}{2}r_{jk}(1-\beta)\right]^2 - 2\left[\frac{(1-\beta)^2}{a_{k1}} + \frac{1}{|a_{k2}|}\right]\frac{M_k}{\gamma_k}}}{(1-\beta)^2/a_{k1} + 1/|a_{k2}|}$$

$$(2.12)$$

$$v_{j2}^{d2} = \frac{T_j - \frac{1}{2}r_{ij} - \frac{1}{2}r_{jk} + \frac{\beta}{a_{j1}}v_{i2}^{d2} + \frac{\beta}{|a_{j2}|}v_{k2}^{d2}}{1/a_{j1} + 1/|a_{j2}|}$$

$$- \frac{\sqrt{\left(T_j - \frac{1}{2}r_{ij} - \frac{1}{2}r_{jk} + \frac{\beta}{a_{j1}}v_{i2}^{d2} + \frac{\beta}{|a_{j2}|}v_{k2}^{d2}\right)^2 + \left(\frac{1}{a_{j1}} + \frac{1}{|a_{j2}|}\right)\left(r_{ij}\beta v_{i2}^{d2} + \beta r_{jk}v_{k2}^{d2} - \frac{\beta}{a_{j1}}v_{i2}^{d2\,2} - \frac{\beta}{|a_{j2}|}v_{k2}^{d2\,2} - \frac{2M_j}{\gamma_j}\right)}}{1/a_{j1} + 1/|a_{j2}|}$$

$$(2.13)$$

将数据代入式（2.11）～式（2.13）求得 $v_{i2}^{d2} = 0.77$，$v_{j2}^{d2} = 0.864$，

$v_{k2}{}^{d2} = 0.85$，故 $v_{i2}{}^{d2} < v_{j2}{}^{d2}$ 且 $v_{k2}{}^{d2} < v_{j2}{}^{d2}$，这与 $d_2 = \{u_{ij} = v_{i2}, u_{jk} = v_{k2}\}$ 的逻辑关系相符。同理，可验证 d_3、d_4 不符，舍去。

2.1.3.5.2 η_{j1} 随 t_{ij} 变化曲线

令单接力链无缝静止交接与传统单工序与单工序交接均衡速度比值为 η_{j1}，即 $\eta_{j1} = v_{j1}/v_{j0}$，交接时间为 t_{ij}，由式（2.3）和式（2.4）得

$$\eta_{j1} = \frac{v_{j1}}{v_{j0}} = \frac{T_j - \sqrt{T_j^2 - \left(\dfrac{1}{a_{j1}} + \dfrac{1}{|a_{j2}|}\right)\dfrac{2M_j}{\gamma_j}}}{T_j - t_{ij} - \sqrt{(T_j - t_{ij})^2 - \left(\dfrac{1}{a_{j1}} + \dfrac{1}{|a_{j2}|}\right)\dfrac{2M_j}{\gamma_j}}} \tag{2.14}$$

将已知数据代入式（2.14），η_{j1} 与 t_{ij} 的关系曲线如图 2.11 所示。

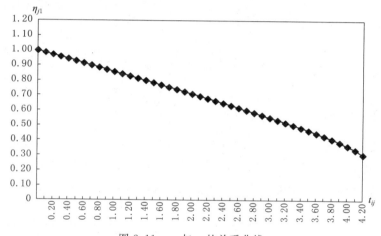

图 2.11　η_{j1} 与 t_{ij} 的关系曲线

2.1.3.5.3 η_{j2} 随 β 变化曲线

令单接力链无缝交接与单接力链无缝静止交接均衡速度比值为 η_{j2}，即 $\eta_{j2} = v_{j2}/v_{j1}$。由式（2.4）式（2.13）得

$$\eta_{j2} = \frac{v_{j2}}{v_{j1}} = \frac{v_{j2}^{d2}}{v_{j1}} = \frac{T_j - \dfrac{1}{2}r_{ij} - \dfrac{1}{2}r_{jk} + \dfrac{\beta}{a_{j1}}v_{i2}^{d2} + \dfrac{\beta}{|a_{j2}|}v_{k2}^{d2}}{T_j - \sqrt{T_j^2 - \left(\dfrac{1}{a_{j1}} + \dfrac{1}{|a_{j2}|}\right)\dfrac{2M_j}{\gamma_j}}}$$

$$-\frac{\sqrt{\left(T_j - \dfrac{1}{2}r_{ij} - \dfrac{1}{2}r_{jk} + \dfrac{\beta}{a_{j1}}v_{i2}^{d2} + \dfrac{\beta}{|a_{j2}|}v_{k2}^{d2}\right)^2 + \left(\dfrac{1}{a_{j1}} + \dfrac{1}{|a_{j2}|}\right)\left(r_{ij}\beta v_{i2}^{d2} + \beta r_{jk}v_{k2}^{d2} - \dfrac{\beta^2}{a_{j1}}v_{i2}^{d22} - \dfrac{\beta^2}{|a_{j2}|}v_{k2}^{d22} - \dfrac{2M_j}{\gamma_j}\right)}}{T_j - \sqrt{T_j^2 - \left(\dfrac{1}{a_{j1}} + \dfrac{1}{|a_{j2}|}\right)\dfrac{2M_j}{\gamma_j}}}$$

$$\tag{2.15}$$

将式（2.11）和式（2.12）代入式（2.15），并将已知数据代入，η_{j2} 与 β 的关系曲线如图 2.12 所示（η_{j2}^* 为 η_{j2} 的纠偏值，偏差来源于数据计算）。

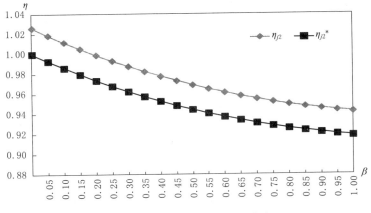

图 2.12 η_{j2}、η_{j2}^* 与 β 的关系曲线

2.1.3.5.4 η_{j3} 随 t_{ij}、β 变化曲线

令单接力链无缝交接与传统单工序与单工序交接均衡速度比值为 η_{j3}，即 $\eta_{j3} = v_{j2}/v_{j0}$，由式（2.3）和式（2.13）得

$$\eta_{j3} = \frac{v_{j2}}{v_{j0}} = \frac{v_{j2}^{d2}}{v_{j0}^{d2}} = \frac{T_j - \frac{1}{2}r_{ij} - \frac{1}{2}r_{jk} + \frac{\beta}{a_{j1}}v_{i2}^{d2} + \frac{\beta}{|a_{j2}|}v_{k2}^{d2}}{T_j - t_{ij} - \sqrt{(T_j - t_{ij})^2 - \left(\frac{1}{a_{j1}} + \frac{1}{|a_{j2}|}\right)\frac{2M_j}{\gamma_j}}}$$

$$- \frac{\sqrt{\left(T_j - \frac{1}{2}r_{ij} - \frac{1}{2}r_{jk} + \frac{\beta}{a_{j1}}v_{i2}^{d2} + \frac{\beta}{|a_{j2}|}v_{k2}^{d2}\right)^2 + \left(\frac{1}{a_{j1}} + \frac{1}{|a_{j2}|}\right)\left(r_{ij}\beta v_{i2}^{d2} + \beta r_{jk}v_{k2}^{d2} - \frac{\beta^2}{a_{j1}}v_{i2}^{d2\,2} - \frac{\beta^2}{|a_{j2}|}v_{k2}^{d2\,2} - \frac{2M_j}{\gamma_j}\right)}}{T_j - t_{ij} - \sqrt{(T_j - t_{ij})^2 - \left(\frac{1}{a_{j1}} + \frac{1}{|a_{j2}|}\right)\frac{2M_j}{\gamma_j}}}$$

$$(2.16)$$

将式（2.11）和式（2.12）代入式（2.16），将已知数据代入，η_{j3} 与 t_{ij}、β 的关系曲线如图 2.13 所示。

2.1.3.5.5 对比分析

（1）传统工序交接、RCSH（静止）及 RCSH 三者的均衡速度关系为 $v_{j2} \leqslant v_{j1} \leqslant v_{j0}$。证明：由于不同交接情况下，工程的总工程量不变，人员配置为定值，即 $vT = M/\gamma$ 为定值，在 $v-t$ 图中表示工序的速度曲线与 t 轴围成的面积不变。从图 2.1～图 2.3 可知：$v_{j2} \leqslant v_{j1} \leqslant v_{j0}$，当且仅当 $t_{ij} = 0$，$\beta = 0$ 时取等号。从实例计算结果 $v_{j0} = 0.98$，$v_{j1} = 0.91$，$v_{j2} = 0.864$，也可得出 $v_{j2} < v_{j1} < v_{j0}$，即 RCSH 均衡速度最小。

（2）RCSH（静止）与传统工序交接均衡速度比值随传统工序交接时间的增大而减小，即交接时间越长，传统工序均衡速度越大。

（3）RCSH 与 RCSH（静止）的均衡速度比值随 β 的增大而减小，即

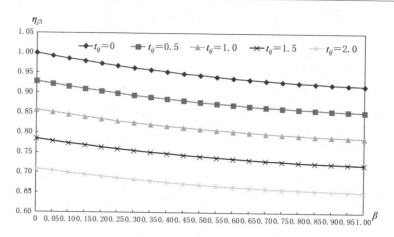

图 2.13　η_{j3} 与 t_{ij}、β 的关系曲线图

RCSH的交接速度越大，均衡速度越小。

（4）RCSH 与传统工序交接均衡速度比值随交接时间 t 增大而减小（β 不变），随 β 增大而减小（t 不变）。在三峡三期工程中，β 可达到 0.9。若 $t_{ij}=0.5$，则 η_{j3} 可达到 0.85，即工序的交接能够在较高的速度下进行，且能够保证相对速度较小，使工序平稳对接；另外，施工均衡速度相对较小，可达到传统交接速度的 0.85。

2.1.4　接力链网络技术

2.1.4.1　接力链网络的构建

目前，网络技术的研究与应用领域主要包括确定型网络计划技术、非确定型网络计划技术和随机型网络计划技术。本章仅以确定型网络为例进行探讨，网络图采用双代号网络图。

定义 2.5：接力链网络技术（Relay Chain Network，RCN）是将接力链的基本原理、接力链无缝交接技术及网络技术相结合，在网络计划中反映工序间的运作、协作及交接过程的一种用于工程项目计划与控制的管理技术。

定义 2.6：接力势是指在接力链网络中接力点的紧前工序通过协作、交叉施工及资源调配过程后各自所具备的资源。

假设 2.2：同一接力链网络中接力点的紧前工序是相关的，即存在接力势。

接力链网络图的基本要素是有向边和节点，其成图规则与网络计划图的成图规则基本相同。接力链网络图基本逻辑关系表示方法见表 2.1。

对接力链网络图的几点说明如下：

（1）节点表示开始或完成一项或多项工序，可以表示工序的交接过程，称为接力点，见表2.1序号1的逻辑关系中，包含了A、B两道工序和接力点①、②、③，接力点①表示工序A的开始，接力点③表示工序B的结束。由于接力链网络中工序交接采用无缝交接技术，故接力点不占用资源。

（2）在接力链网络图中紧前工序的协作及资源调配过程用一个双箭头的虚线表示，接力势（以时间计）用H表示。

（3）接力链网络图中也存在虚工序，仅表示前后相邻工序间的逻辑关系，既不占用时间，也不消耗资源，在图中用接力点和虚箭线表示。虚工序也存在接力和接力势，如表2.1序号5的逻辑关系所列，虚工序的接力表示虚箭线箭尾对应接力点的紧前工序与箭头对应接力点的紧后工序的交接，即工序A与工序D的交接。虚工序的接力势为虚箭线箭尾对应接力点的紧前工序与箭头对应接力点的紧后工序的协调及资源调配后所具有的资源，虚工序的接力势标在对应接力点的紧前工序上。

表 2.1　　　　　接力链网络图基本逻辑关系表示方法

序号	工序	紧前工序	逻辑关系	序号	工序	紧前工序	逻辑关系
1	A	—		7	A	—	
	B	A			B	—	
2	A	—			C	A、B	
	B	A			D	A、B	
	C	A		8	A	—	
3	A	—			B	A	
	B	—			C	A	
	C	A、B			D	B	
4	A	—			E	B、C	
	B	—			F	D、E	
	C	A		9	A	—	
	D	B			B	A	
5	A	—			C	A	
	B	A			D	C	
	C	A			E	B、C	
	D	A、B			F	B	
6	A	—			G	D、E	
	B	A			H	E、F	
	C	A			I	H、G	
	D	B、C					

接力链网络技术的主要特征如下：

（1）接力链网络中工序交接采用无缝交接技术，可使工序交接流畅，在确保工期的同时，提高工程质量。

（2）通过接力势的表达，能够体现接力系统中工序间通过相互协作、交叉作业及资源共享后的实施效果。

（3）量化工序协作过程，为整体的优化提供定量的依据。

2.1.4.2　接力势计算

定义 2.7：平均速度是指在接力链网络中各工序均按照计划工期施工的工作速度的平均值，记为 v_0。

假设 2.3：在接力链网络中工序的工作速度与平均速度相等时，该工序按照计划工期完成。

假设 2.4：若某一接力点的紧前工序存在富余资源，则富余资源可在该接力点的紧前工作间等效地利用，且各紧前工序仅将富余资源进行合理的调配或增加额外资源，不以牺牲计划工期进行资源调配，即使在调配后不影响工期也是不允许的。

在假设 2.2～假设 2.4 的基础上，接力势计算准则如下：

准则 1：同一接力点的紧前工序通过资源的调配或补偿，接力势是可以不相等的。

准则 2：接力势是在网络计划的制定时确定的。为保证能够按照计划工期实施，接力势可能小于 0，即 $H_A < 0$，表明工序 A 需额外资源补偿；等于 0，即 $H_A = 0$，表明工序 A 虽然存在协作或资源的调配，但不需额外资源补偿；大于 0，即 $H_A > 0$，表明工序 A 通过协作及资源的调配存在资源富余。

准则 3：当工序 A 的工作速度 v_A 大于平均速度 v_0 时，其存在资源富余，资源富余量为工作速度与平均速度之差与该工序的计划工期 T_A 的乘积，即 $(v_A - v_0) \times T_A$；小于平均速度时，工作 A 需要 $(v_0 - v_A) \times T_A$ 的资源补偿；等于平均速度时，工作 A 按照工期进行，既不存在资源富余，也不需要资源补偿。

准则 4：接力势计算时，首先计算 3 个量：接力点各紧前工序的自由时差、计划工期及资源情况（资源富余量或资源补偿量），在综合考虑这三个因素的基础上，以接力点紧前工序总工期压缩最大或延误最小为原则。

假设接力链网络中的某一接力点仅有两个紧前工序 A、B，v_A、v_B 分别表示工序 A、B 的工作速度，v_0 为平均速度，T_{A0}、T_{B0} 分别表示工序 A、B 的计划持续时间，依据接力链网络接力势计算的基本原理与计算准则，表 2.2 给出了不同情况下工序 A、B 接力势计算公式。

表 2.2　　　　　　　不同情况下工序 A、B 接力势计算公式

v_A、v_B、v_0 关系		H_A、H_B 计算式
$v_A = v_B = v_0$		$H_A = H_B = 0$
$v_A \geqslant v_B > v_0$	$T_{A0} = T_{B0}$	$H_A = H_B = [(v_A - v_0)T_{A0} + (v_B - v_0)T_{B0}]/(v_A + v_B)$
	$T_{A0} > T_{B0}$	(1)当 $[(v_A - v_0)T_{A0} + (v_B - v_0)T_{B0}]/v_A \leqslant (T_{A0} - T_{B0})$ 时，$H_A = [(v_A - v_0)T_{A0} + (v_B - v_0)T_{B0}]/v_A$，$H_B = 0$ (2)当 $[(v_A - v_0)T_{A0} + (v_B - v_0)T_{B0}]/v_A > (T_{A0} - T_{B0})$ 时，$H_A = (T_{A0} - T_{B0}) - [(v_A - v_0)T_{A0} + (v_B - v_0)T_{B0} - v_A(T_{A0} - T_{B0})]/(v_A + v_B)$ $H_B = [(v_A - v_0)T_{A0} + (v_B - v_0)T_{B0} - v_A(T_{A0} - T_{B0})]/(v_A + v_B)$
	$T_{A0} < T_{B0}$	(1)当 $[(v_A - v_0)T_{A0} + (v_B - v_0)T_{B0}]/v_B \leqslant (T_{B0} - T_{A0})$ 时，$H_A = 0$，$H_B = [(v_A - v_0)T_{A0} + (v_B - v_0)T_{B0}]/v_B$ (2)当 $[(v_A - v_0)T_{A0} + (v_B - v_0)T_{B0}]/v_B > (T_{B0} - T_{A0})$ 时，$H_A = [(v_A - v_0)T_{A0} + (v_B - v_0)T_{B0} - v_B(T_{B0} - T_{A0})]/(v_A + v_B)$ $H_B = (T_{B0} - T_{A0}) - [(v_A - v_0)T_{A0} + (v_B - v_0)T_{B0} - v_B(T_{B0} - T_{A0})]/(v_A + v_B)$
$v_A > v_0 > v_B$	$T_{A0} > T_{B0}$	(1)当 $(v_0 - v_B)T_{B0}/v_B = T_{A0} - T_{B0}$ 时， 　1)若 $(v_A - v_0)T_{A0}/(v_A + v_B) \leqslant (T_{A0} - T_{B0})$，则 $H_A = (v_A - v_0)T_{A0}/(v_A + v_B)$，$H_B = 0$ 　2)若 $(v_A - v_0)T_{A0}/(v_A + v_B) > (T_{A0} - T_{B0})$，则 $H_A = (v_A - v_0)T_{A0}/(v_A + v_B)$，$H_B = (v_A - v_0)T_{A0}/(v_A + v_B) + T_{A0} - T_{B0}$ (2)当 $(v_0 - v_B)T_{B0}/v_B > (T_{A0} - T_{B0})$ 时， 　1)若 $(v_A - v_0)T_{A0} = v_B[(v_0 - v_B)T_{B0}/v_B + T_{B0} - T_{A0}]$，则 $H_A = H_B = 0$ 　2)若 $(v_A - v_0)T_{A0} > v_B[(v_0 - v_B)T_{B0}/v_B + T_{B0} - T_{A0}]$， 　　a. $\{(v_A - v_0)T_{A0} - v_B[(v_0 - v_B)T_{B0}/v_B + T_{B0} - T_{A0}]\}/(v_A + v_B) < (T_{A0} - T_{B0})$ 　　　$H_A = \{(v_A - v_0)T_{A0} - v_B[(v_0 - v_B)T_{B0}/v_B + T_{B0} - T_{A0}]\}/(v_A + v_B)$，$H_B = 0$ 　　b. $\{(v_A - v_0)T_{A0} - v_B[(v_0 - v_B)T_{B0}/v_B + T_{B0} - T_{A0}]\}/(v_A + v_B) \geqslant (T_{A0} - T_{B0})$， 　　　$H_A = \{(v_A - v_0)T_{A0} - v_B[(v_0 - v_B)T_{B0}/v_B + T_{B0} - T_{A0}]\}/(v_A + v_B)$ 　　　$H_B = \{(v_A - v_0)T_{A0} - v_B[(v_0 - v_B)T_{B0}/v_B + T_{B0} - T_{A0}]\}/(v_A + v_B) + T_{A0} - T_{B0}$ 　3)若 $(v_A - v_0)T_{A0} < v_B[(v_0 - v_B)T_{B0}/v_B + T_{B0} - T_{A0}]$，$H_A = H_B = -[(v_0 - v_B)T_{B0} - (v_A - v_0)T_{A0} - (T_{A0} - T_{B0})v_B]/(v_A + v_B)$ (3)当 $(v_0 - v_B)T_{B0}/v_B < (T_{A0} - T_{B0})$ 时， 　1)若 $(v_A - v_0)T_{A0}/v_A \leqslant [T_{A0} - T_{B0} - (v_0 - v_B)T_{B0}/v_B]$，则 $H_A = (v_A - v_0)T_{A0}/v_A$，$H_B = 0$ 　2)若 $(v_A - v_0)T_{A0}/v_A > [T_{A0} - T_{B0} - (v_0 - v_B)T_{B0}/v_B]$，则 $H_B = \{(v_A - v_0)T_{A0} - [T_{A0} - T_{B0} - (v_0 - v_B)T_{B0}/v_B]v_A\}/(v_A + v_B)$ 　　　$H_A = \{(v_A - v_0)T_{A0} - [T_{A0} - T_{B0} - (v_0 - v_B)T_{B0}/v_B]v_A\}/(v_A + v_B) - [T_{A0} - T_{B0} - (v_0 - v_B)T_{B0}/v_B]$

续表

v_A、v_B、v_0 关系		H_A、H_B 计算式
$v_A > v_0 > v_B$	$T_{A0} < T_{B0}$	(1) 当 $(v_A - v_0)T_{A0} = (v_0 - v_B)T_{B0}$ 时，$H_A = H_B = 0$ (2) 当 $(v_A - v_0)T_{A0} < (v_0 - v_B)T_{B0}$ 时， 　1) 若 $[(v_0 - v_B)T_{B0} - (v_A - v_0)T_{A0}]/(v_A + v_B) > (T_{B0} - T_{A0})$，则 　$H_A = -[(v_0 - v_B)T_{B0} - (v_A - v_0)T_{A0}]/(v_A + v_B) - (T_{B0} - T_{A0})$， 　$H_B = -[(v_0 - v_B)T_{B0} - (v_A - v_0)T_{A0}]/(v_A + v_B)$ 　2) 若 $[(v_0 - v_B)T_{B0} - (v_A - v_0)T_{A0}]/(v_A + v_B) \leqslant (T_{B0} - T_{A0})$，则 H_A 　$= 0$，$H_B = -[(v_0 - v_B)T_{B0} - (v_A - v_0)T_{A0}]/(v_A + v_B)$ (3) 当 $(v_A - v_0)T_{A0} > (v_0 - v_B)T_{B0}$ 时， 　1) 若 $[(v_A - v_0)T_{A0} - (v_0 - v_B)T_{B0}]/v_B \leqslant (T_{B0} - T_{A0})$，则 $H_A = 0$，H_B 　$= [(v_A - v_0)T_{A0} - (v_0 - v_B)T_{B0}]/v_B$ 　2) 若 $[(v_A - v_0)T_{A0} - (v_0 - v_B)T_{B0}]/v_B > (T_{B0} - T_{A0})$，则 $H_A = [(v_A - v_0)T_{A0} - (v_0 - v_B)T_{B0} - v_B(T_{B0} - T_{A0})]/(v_A + v_B)$ 　$H_B = [(v_A - v_0)T_{A0} - (v_0 - v_B)T_{B0} - v_B(T_{B0} - T_{A0})]/(v_A + v_B) - (T_{B0} - T_{A0})$
$v_0 > v_A > v_B$	$T_{A0} = T_{B0}$	$H_A = H_B = -[(v_0 - v_A)T_{A0} + (v_0 - v_B)T_{B0}]/(v_A + v_B)$
	$T_{A0} > T_{B0}$	(1) 当 $T_{A0} + (v_0 - v_A)T_{A0}/v_A = T_{B0} + (v_0 - v_B)T_{B0}/v_{B0}$ 时，$H_A = H_B = -(v_0 - v_A)T_{A0}/v_A$ (2) 当 $T_{A0} + (v_0 - v_A)T_{A0}/v_A < T_{B0} + (v_0 - v_B)T_{B0}/v_{B0}$ 时， 　$H_A = H_B = -(v_0 - v_A)T_{A0}/v_A - \{(v_0 - v_B)T_{B0} - [(v_0 - v_B)T_{B0}/v_B - (v_0 - v_A)T_{A0}/v_A - (T_{A0} - T_{B0})]v_B\}/(v_A + v_B)$ (3) 当 $T_{A0} + (v_0 - v_A)T_{A0}/v_A > T_{B0} + (v_0 - v_B)T_{B0}/v_{B0}$ 时， 　1) 若 $(v_0 - v_B)T_{B0}/v_B \geqslant (T_{A0} - T_{B0})$，则 　$H_A = H_B = -T_{B0} + T_{A0} - (v_0 - v_B)T_{B0}/v_B - \{(v_0 - v_A)T_{A0} + [(v_0 - v_B)T_{B0}/v_B - (T_{A0} - T_{B0})]v_A\}/(v_A + v_B)$ 　2) 若 $(v_0 - v_B)T_{B0}/v_B < (T_{A0} - T_{B0})$，则 　a. $T_{A0} - T_{B0} - (v_0 - v_B)T_{B0}/v_B \geqslant (v_0 - v_A)T_{A0}/(v_A + v_B)$，$H_A = -(v_0 - v_A)T_{A0}/(v_A + v_B)$，$H_B = 0$ 　b. $T_{A0} - T_{B0} - (v_0 - v_B)T_{B0}/v_B < (v_0 - v_A)T_{A0}/(v_A + v_B)$， 　$H_A = -(v_0 - v_A)T_{A0}/(v_A + v_B)$，$H_B = -T_{B0} + T_{A0} - (v_0 - v_B)T_{B0}/v_B - (v_0 - v_A)T_{A0}/(v_A + v_B)$
	$T_{A0} < T_{B0}$	(1) 当 $(v_0 - v_A)T_{A0}/v_A + T_{A0} = T_{B0} + (v_0 - v_B)T_{B0}/v_B$ 时，$H_A = H_B = -(v_0 - v_B)T_{B0}/v_B$ (2) 当 $(v_0 - v_A)T_{A0}/v_A + T_{A0} > T_{B0} + (v_0 - v_B)T_{B0}/v_B$ 时， 　$H_A = H_B = -(v_0 - v_B)T_{B0}/v_B - \{(v_0 - v_A)T_{A0} + [(v_0 - v_A)T_{A0}/v_A - (v_0 - v_B)T_{B0}/v_B - (T_{B0} - T_{A0})]v_A\}/(v_A + v_B)$ (3) 当 $(v_0 - v_A)T_{A0}/v_A + T_{A0} < T_{B0} + (v_0 - v_B)T_{B0}/v_B$ 时， 　1) 若 $(v_0 - v_A)T_{A0}/v_A \geqslant (T_{B0} - T_{A0})$，则 　$H_A = H_B = -T_{A0} + T_{B0} - (v_0 - v_A)T_{A0}/v_A - \{(v_0 - v_B)T_{B0} - [(v_0 - v_A)T_{A0}/v_A - (T_{B0} - T_{A0})]v_B\}/(v_A + v_B)$

v_A、v_B、v_0关系		H_A、H_B计算式
$v_0 > v_A > v_B$	$T_{A0} < T_{B0}$	2）若$(v_0 - v_A)T_{A0}/v_A < (T_{B0} - T_{A0})$，则 　a. $T_{B0} - T_{A0} - (v_0 - v_A)T_{A0}/v_A \geqslant (v_0 - v_B)T_{B0}/(v_A + v_B)$，$H_A = 0$， 　　$H_B = -(v_0 - v_B)T_{B0}/(v_A + v_B)$ 　b. $T_{B0} - T_{A0} - (v_0 - v_A)T_{A0}/v_A < (v_0 - v_B)T_{B0}/(v_A + v_B)$， 　　$H_A = -T_{A0} + T_{B0} - (v_0 - v_A)T_{A0}/v_A - (v_0 - v_B)T_{B0}/(v_A + v_B)$， 　　$H_B = -(v_0 - v_B)T_{B0}/(v_A + v_B)$

2.1.4.3 关键路线计算

2.1.4.3.1 相关概念

定义 2.8：工序计算持续时间由两部分组成：工序持续时间及接力势，接力势可直接加到工序持续时间上。

定义 2.9：设 $G = <V, E, W>$ 为 n 阶带权有向图，G 中无环，G 中存在一个入度为 0 的顶点，称为起点接力点；存在一个出度为 0 的顶点，称为终点接力点；弧 $<V_i, V_j>$ 的权值记为 weight（$<V_i, V_j>$），表示工序的计算持续时间。该有向图有 n 个接力点，接力点的编号为 V_i（$i = 1, 2, 3, \cdots, n$），则起点接力点编号为 V_1，终点接力点编号为 V_n。

定义 2.10：若一条路径中出现的节点编号不重复，则此路径为基本路径，从起点接力点到终点接力点最长的基本路径称为关键路径。

定义 2.11[114]：接力点 V_j 可能的最早发生时间 $ee(j)$ 为

$$ee(0) = 0$$

$$ee(j) = \max\{ee(i) + \text{weight}(<V_i, V_j>)\}$$

其中 $<V_i, V_j> \in T$，$1 \leqslant j \leqslant n-1$，$T$ 为所有以 V_j 为终点的入边的集合。

定义 2.12[114]：接力点 V_i 允许的最迟发生时间 $le(i)$ 为

$$le(n-1) = ee(n-1)$$

$$le(i) = \min\{le(j) - \text{weight}(<V_i, V_j>)\}$$

其中，$<V_i, V_j> \in N$，$0 \leqslant i \leqslant n-2$，$N$ 是所有以 V_i 为开始接力点的出边的集合。

定义 2.13[114]：工序 $c_k = <V_i, V_j>$ 的最早开始时间 $e(k)$：只有工序 V_i 发生了，工序 c_k 才能开始，工序 c_k 的最早开始时间等于接力点 V_i 的最早发生时间，即 $e(k) = ee(i)$。

定义 2.14[114]：工序 $c_k = <V_i, V_j>$ 的最晚开始时间 $l(k)$：工作 c_k 的最晚开始时间 $l(k)$ 等于 c_k 的最迟完成时间减去 c_k 的计算持续时间 $l(k) = le(j) - \text{weight}(<V_i, V_j>)$。

关键活动就是 $e(k) = l(k)$ 的活动，$l(k) - e(k)$ 表示完成活动 c_k 的时间余量，是在不延误工期的前提下，活动 c_k 可能延误的时间。

2.1.4.3.2　关键路径算法

（1）存储结构。设接力链网络采用临接表表示，算法中定义 ee、le、l 和 e 四个数组，分别存放各接力点的可能最早发生时间、允许的最迟发生时间和各工序的最早开始时间、最晚开始时间，关键活动的结果用一对相关接力点的位置形式输出。

（2）算法描述。计算 $ee(j)$ 必须在接力点 V_i 所有前驱接力点的最早发生时间都已经求出的前提下进行，而计算 $le(i)$ 必须在接力点 V_i 所有后继接力点的最迟发生时间都已经求出的前提下进行。因此，接力点序列必须是一个拓扑序列。算法首先检查图中是否有环，在没有环存在的情况下，按照上面的思路逐步计算，并找出 $e(k) = l(k)$ 的关键活动[114]。关键路径算法流程图如图 2.14 所示。

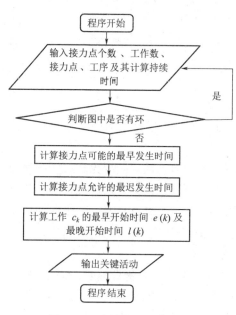

图 2.14　关键路径算法流程图

2.1.4.4　基于概率树的接力链网络

2.1.4.4.1　接力链网络工序资源储备

在一定范围内，工序的资源储备量越大，工序的质量保证率越高，完工概率也越大。若资源储备量超过一定限度，虽然能够得到较高的质量保证率，但会造成不必要的浪费，增加工程成本；若资源储备量过小，又难以保证工序的质量和工期。因此，合理确定接力链网络计划中工序的资源储备量具有重要意义。

影响工序资源储备量大小的因素主要有：①非可控因素，如暴风、雨雪、地震等；②承包方的施工管理水平；③并行工序的资源可调配情况；④对上道工序延误或质量缺陷的资源补偿；⑤后道工序对本道工序的资源补偿等。假设业主对工序的资源储备投入量为 W；工序实际资源储备量为 U；承包方获得的资源储备收益为 EJ；非可控因素干扰的资源储备量为 K；承包方高管理水平的概率为 p，在高管理水平下，可实施并行工序的资源调配量为 X，则承包方低管理水平的概率为 $1-p$，在低管理水平下，不可实施并行工序的资源调配；上道工序延误的概率为 θ，本道工序完成其紧前工序"欠账"而消耗的资源储备量为 Y，上道工序未延误的概率为 $1-\theta$；下道工序对本道工序的资源补偿量为 Z，该资源补偿量综合了上道工序延误与不延误的两种情况；工序获得成功的概率为 β，即工序在计划工期内完成且质量满足设计要求，工序失败的概率为 $1-\beta$，此时承包方要接受业主的惩罚，设惩罚系数为 k，则惩罚量为 kJ。工序资源储备量分析如图 2.15 所示。

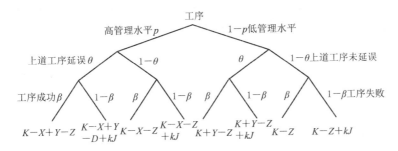

图 2.15 工序资源储备量分析

$$
\begin{aligned}
J = W - \big[& p\theta\beta(K-X+Y-Z) + p\theta(1-\beta)(K-X+Y-Z+kJ) \\
& + p(1-\theta)\beta(K-X-Z) + p(1-\theta)(1-\beta)(K-X-Z+kJ) \\
& + (1-p)\theta\beta(K+Y-Z) + (1-p)\theta(1-\beta)(K+Y-Z+kJ) \\
& + (1-p)(1-\theta)\beta(K-Z) + (1-p)(1-\theta)(1-\beta)(K-Z+kJ) \big] \\
= W - \big[& K + \theta Y - pX - Z + (1-\beta)kJ \big]
\end{aligned} \tag{2.17}
$$

由 $J \geqslant 0$ 可得，$W-[K+\theta Y - pX - Z + (1-\beta)kJ] \geqslant 0$，因 $(1-\beta)kJ \geqslant 0$，故

$$
W - [K+\theta Y - pX - Z] \geqslant 0 \tag{2.18}
$$

由式 (2.17) 可得

$$
J = \frac{W-K-\theta Y+pX+Z}{1+(1-\beta)J} \tag{2.19}
$$

由式 (2.18) 和式 (2.19) 可得出如下结论：

(1) 承包方施工管理水平 p 越高，承包方资源储备收益越大，反之收益则越小。

(2) 上道工序延误的概率 θ 越大，承包方资源储备收益越小，反之收益则越大。

(3) 工序的完工保证率越高，也即工序失败概率越低，承包方资源储备收益越大，反之则越小。

(4) 业主对承包方的工序失败惩罚系数越大，承包方资源储备收益越小，反之则收益越大。

2.1.4.4.2 结果讨论及建议

由以上分析可知，承包方的工序资源储备量投入与承包方的管理水平、非可控因素的干扰、并行工序的资源调配、对上道工序的资源补偿、下道工序的资源补偿能力及业主对承包方工序失败的惩罚等因素有关。接力技术运用在施工的质量、进度控制中，为了降低工序资源储备量，提高承包方的资源储备收益，相应的措施和建议如下：

（1）应用先进的技术手段创造良好的施工外部环境，通过各种信息传递及科学预测方法减小非可控因素发生的概率。如葛洲坝集团公司与西安交通大学联合研制开发的"混凝土生产输送计算机综合监控系统"，集中体现了计算机综合监控系统在水电施工管理中所发挥的重要作用。该系统中每个施工管理人员都配备了移动通信设备，能够使信息高效传递，从而减少非可控因素发生的概率。

（2）提高承包方的施工管理水平。施工管理水平的提高避免了盲目施工和瞎指挥，实现有序生产，有效解决了生产中的相互配合和协调问题，从而合理调配平行工序的资源储备量，使资源优化配置，确保均衡生产。

（3）加强施工人员的专业技能培训和实践，实现对各相关工序的精通。每道工序都有各自的技术要点，施工人员必须熟练掌握本道工序的技术要点才能高效优质地完成任务。然而，在运用接力链网络计划技术中，施工人员除了要高效优质地完成本道工序，还要掌握上道工序的施工特点，并且具有完成上道工序的能力，这样一方面能够提高与上道工序交接成功的概率，另一方面可以充分利用本道工序的资源储备完成上道工序的"欠账"。施工人员对上道工序的精通和处理的高效性，使得资源的补偿消耗量比其他额外资源的消耗低很多。

在三峡三期工程中，大坝混凝土施工人员大多是经历过三峡一期、二期工程的"老三峡"，从事水电施工一二十年，具有丰富的实践经验。他们在施工作业队中实施轮岗制，如钢筋绑扎施工数月后，进行模板架立施工，之后为混凝土浇筑等，经历过几年的实践，他们便成了"通才"，大大提高了工序资源调配的灵活性及资源的利用效率，从而减少了工序资源储备量。

（4）业主加大对承包方工序施工失败的惩罚力度。为了避免因工序失败而遭受高额的惩罚，承包方必须提高工序成功的概率，增加一定的工序资源储备量。实践表明这种工序资源储备量的增加是值得的，它减小了上道工序及本道工序延误的概率，从而减小了补偿延误所消耗的工序资源储备量。

2.1.5　接力链螺旋循环技术

2.1.5.1　接力链螺旋循环模型构建

2.1.5.1.1　理论基础

（1）学习理论。人的学习有三种形式：以视觉型为主、以语言型为主及以动作参与型为主，随着分工越来越细，专业化程度越来越高，既定目标是由不同学习类型的人共同完成的。我国哲学家熊十力曾提出"性智"与"量智"的概念，从知识侧面来看，"量智"和"性智"分别涉及显性及隐性知识的获取、探究与运用，二者相互结合成为创新的基础[115]。接力链螺旋循环注重人与人的相互沟通与协作，注重信息、知识的共享，注重将"性智"与"量智"结合，挖掘隐性知识，提高系统的创造性。

（2）接力链理论。为了研究非线性作业工序如何自动衔接、如何保持自身运行的最佳状态以及如何创造和保护相应的外部环境，程庆寿在1991年首次提出了接力操作法[3]，该方法打破了全面质量管理中强调的"下道工序就是用户""用户就是上帝"思想的局限性，而强调"上下道工序互为对方服务"的观点；在1993年提出了接力技术[4]，其原理为以具体工序为"基本元素"，研究其对上工序的"接"、对本工序的"作"（或"运"）和对下工序的"交"的最佳协调动作。接力链是在接力技术的基础上提出的，是指生产活动中环节与环节之间通过运作、协作及交接过程形成的从起始环节到终止环节的接力网链，每个环节相当于链中的一环，环环相扣，形成一个相互联系的整体。在接力链螺旋循环中，P、D、C、A各环节间采用接力链无缝交接技术进行交接，通过运作、协作及交接过程形成螺旋上升的接力网链。

（3）系统理论。由学习原理可知环节间相互协作的重要性，而各环节又具有权利上的相对独立性。作为管理者，必须赋予各环节足够的权利、知识和能力，各环节研究各自所负责的流程，可更深刻地了解流程变异的根源，分析哪些是系统变异，哪些是特殊变异。

2.1.5.1.2 模型构建

接力链螺旋（Relay Chain Helix，RCH）循环技术是指由计划开始，经由执行、检查（研究），再由检查结果持续改善的生产模式。在整个生产过程中，P、D、C、A各部门职责相对独立，信息相互沟通，工作相互协作，前后环节采用接力链无缝交接技术自动衔接，不断循环以上4个步骤，形成螺旋上升的质量持续改进模型。RCH循环克服了PDCA循环中的"惯性思维""缺乏相互信息沟通及相互协作意识""没有上下环节互为对方服务的意识"及"利用检验数据了解流程"等缺陷，有助于提高持续改进的质量与效率，RCH循环的核心是通过持续不断的改进，使事物在有效控制状态下向预定目标发展。接力链螺旋循环模型如图2.16所示。

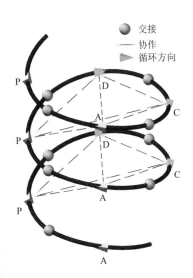

图2.16　接力链螺旋循环模型

2.1.5.2　接力链螺旋循环步骤

　　RCH 是由螺旋环组成，一个螺旋环就是一个立体的 PDCA 循环。RCH 循环主要由四个阶段组成，分为十二个操作步骤。RCH 循环十二步骤平面图如图 2.17 所示，RCH 循环的四阶段及十二步骤内容见表 2.3，RCH 循环操作流程如图 2.18 所示。

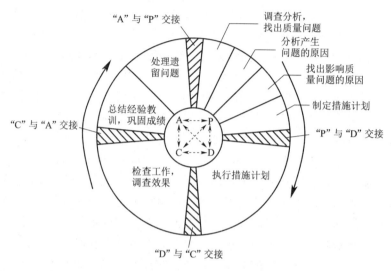

图 2.17　RCH 循环十二步骤平面图

表 2.3　　　　　　　　　RCH 循环的四阶段及十二步骤内容

阶段	概　述	步　骤	具体工作内容	主要方法
P	通过调查、分析、与"D""C""A"部门协作，制定目标计划、具体措施、临时补充计划及应急预案	1　调查分析，找出质量问题	调研生产环境、合同文件，参考相关文献资料及**现场调研（询问、会议、讨论等多种方式）**找出并统计质量问题	分层法、调查表、排列图、**头脑风暴法**
		2　分析产生问题的原因	与"D""C""A"各部门交流（会议、讨论等方式），分析关键工序的关键所在及产生问题的各种影响因素	因果图、系统图、关联图、**头脑风暴法**
		3　找出影响质量问题的主要原因	根据已找出的影响质量问题的原因及分析结果，对其进行排序，找出主要原因	排列图、散布图、关联图、KJ 法
		4　制定措施计划	针对影响质量问题的主要因素，与"D""C""A"部门协作，反复讨论、协商、分析，形成一套切实可行的质量控制方案；对重大方案需邀请顾问及相关专家评审，论证其可行性；风险分析及预测，针对生产中的突发事件，制定临时补充计划方案及应急预案	PDPC 法、头脑风暴法、流程图

续表

阶段	概　述	步　骤	具体工作内容	主要方法
D	按照制定的计划执行，与"P""C""A"部门协作，高效处理及应对执行中出现的问题	5	"P"与"D"交接	"P"检查制定方案的实效性、可行性，按照要求解答"D"在交接中可能提出的问题，保质保量安全准时地下交；"D"积极地研究方案，不以"上帝"的姿态自居，对于方案的重点、疑点主动向"P"询问	接力链无缝交接法
		6	执行措施计划	在执行计划前，先进行小量的试做或实验；合格后按照制定的计划执行，执行中遇到突发事件或质量事故，一方面，采取临时补充计划方案或紧急预案处理，另一方面与"P""C""A"部门共同探讨，在最短的时间内解决问题；强调过程控制，"P"在过程中时时进行技术支持，"C"做到过程检查、控制质量，"A"了解施工动态，处理总结生产中存在的问题	PDPC 法、头脑风暴法、流程图
C	总结执行计划的效果，找出问题	7	"D"与"C"交接	"D"在方案完成之前，提前告知检查部门，认真检查是否满足要求；"C"提前进入检查状态，了解工作的进展情况	接力链无缝交接法
		8	检查工作，调查效果	通过自检、专职检查等方式，将执行结果与预定目标对比分析，找出问题，**并将检查结果及时反映给参与各方**	直方图、控制图、散布图、水平对比法
		9	"C"与"A"交接	"C"认真核实检查数据，将检查数据及相关问题提供与"A"；"A"就有关疑点主动向"C"询问	接力链无缝交接法
A	与"D""C""A"部门协作，对检查结果进行处理	10	总结经验教训，巩固成绩	与各方协作讨论，根据检查结果，针对实现的和未实现的目标进行分析，总结成功经验，**并制定相关标准**	**头脑风暴法**
		11	处理遗留问题	提出本螺旋环（即 PDCA 一个立体循环）未解决的问题，将其带入下一个螺旋环解决；将效果不明显或效果不符合要求的措施均列入遗留问题，反映到下一个螺旋环中	简易图表（如折线图、柱状图、甘特图等）、头脑风暴法
P	同上	12	"A"与"P"交接	"A"将上一螺旋环未解决的问题与下一螺旋环中的"P"进行交底；"P"积极主动地与"A"交底并询问疑点	接力链无缝交接法

注　表中黑体为 RCH 循环较 PDCA 循环改进的内容。

2.1.5.3　接力链螺旋循环特点描述

（1）RCH 循环由计划（Plan）、执行（Do）、检查（Check）和改进（Action）四个阶段组成，可分为十二个步骤。实施中注重环节间的相互沟通与协作及知识共享，如图 2.16 中双虚箭线所示；注重环节交接，如图 2.16 中圆球所示。

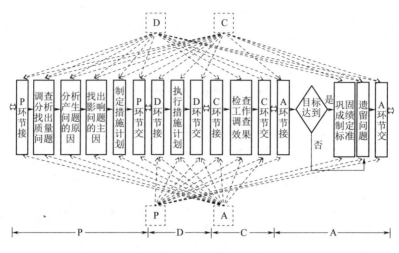

图 2.18　RCH 循环操作流程图

（2）每个 RCH 循环并不是简单的重复运转，而是一个螺旋上升的循环，每上升一个螺旋环就解决了一些问题，未解决的问题进入下一个螺旋环。

（3）大 RCH 循环中套小 RCH 循环，即在某一阶段也会存在制定实施计划、落实计划、检查计划实施进度和处理的小 RCH 循环。根据各个阶段的不同目标，应用各自的 RCH 循环，层层循环，形成持续改进的立体循环套，如图 2.19 所示。大 RCH 循环是小 RCH 循环的母体和依据，小 RCH 循环是大 RCH 循环的分解和保证，彼此协同，互相促进。

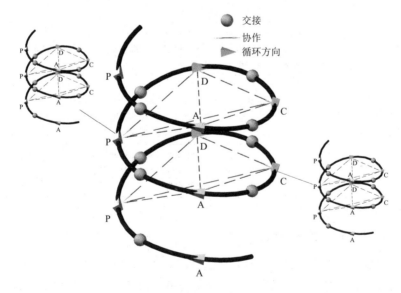

图 2.19　持续改进的立体循环套

（4）RCH 循环并不是停留在一个水平上的循环，当某一流程在 RCH 循环持续改进的方法运用下，达到统计控制状态后，可提高标准，进入下一过程的 RCH 循环。系统的持续改进是沿着质量（管理等）曲线上升的，在曲线的前段，运用 RCH 循环方法，质量（管理等）水平上升很快，其变异主要来源于系统，RCH 循环的作用主要是改进。当质量达到较高水平时，提高质量（管理等）水平比较困难，此时 RCH 循环的主要作用是维持。RCH 循环不断提升曲线如图 2.20 所示。

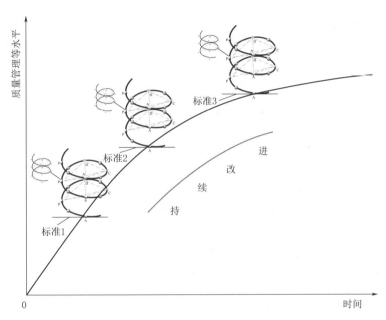

图 2.20　RCH 循环不断提升曲线示意图

（5）科学管理方法的综合应用。RCH 循环应用以老质量控制七种工具、新质量控制七种工具、简易图表（折线图、柱状图、甘特图等）、水平对比法、头脑风暴法、接力链无缝交接法及流程图等作为进行工作以及发现问题和解决问题的工具。

2.1.5.4　对比分析

RCH 循环技术涵盖了前馈控制、同期控制及反馈控制等各环节，为有效地保障系统秩序、工序质量、过程优化提供了新的理论框架。RCH 循环技术具有周而复始、循环控制、逐步提升等特点，较传统的 PDCA 循环有以下优点：

（1）注重环节与环节间的相互沟通与协作，注重信息、知识的共享，有利于挖掘隐性知识，提高了系统的创造性。

（2）不以检查数据作为持续改善的唯一信息来源，强调信息来源的多元性。

（3）体现了接力链的思想，即摆脱了全面质量管理中"下一环节就是用户""用户就是上帝"思想的局限性，而强调"上下环节互为对方服务"的观点，注重环节的交接，确保达到无缝交接，提高了持续改进的质量和效率。

2.2　质量损益函数及其应用

2.2.1　问题的提出

2.2.1.1　质量损益函数的提出

在工业生产中，产品质量与目标值之间可能会存在偏差。20 世纪 70 年代，田口玄一为了估计质量特性偏离目标值所造成的损失，把质量和经济两个范畴的概念统一起来，提出用二次质量损失函数对产品质量进行定量描述[41,42]。田口博士对产品质量提出了新的定义[116]，认为"所谓质量，是指产品上市后给社会带来的损失。但是，由于功能本身所产生的损失除外。"田口博士提出的优质的概念是趋于目标值的概念，其理论基础便是质量损失函数。

然而，大量的生产实践表明并非如此，生产过程中，不但存在质量损失，有时也会有质量补偿带来质量的增益效果。例如混凝土大坝夏季施工中温控混凝土的生产过程，假定混凝土拌和物出机口温度的设计目标值为 7℃，由于误差或干扰引起混凝土拌和物出机口温度偏离目标值，造成质量损失，但这种损失是可以通过后一工序进行质量补偿的，如在混凝土拌和物的输送皮带机上搭盖保温被、运输汽车搭盖遮阳棚或在仓面进行喷雾降温等，从而达到减小质量损失或获得质量收益的目的。又如，机械零件的尺寸大于目标值时，可通过后一工序的打磨处理进行质量补偿，从而获得质量的增益效果。

以上的田口质量损失函数及其相关拓展研究是基于假定：质量特性值在目标值处质量损失最小且质量损失为 0。然而，大量的生产实践表明产品质量的形成过程并非如此，一方面，质量特性值偏离目标值造成质量损失，且波动越大质量损失越大；另一方面，工序与工序之间又是一个相互补偿和适配耦合的过程，即下道工序会对上道工序进行质量补偿，或者并行工序之间通过相互协作及适配耦合，减小工序质量损失或产生质量收益。基于质量损失函数无法描述生产实践中存在的质量补偿效果，本章提出了质量损益函数的概念。

2.2.1.2　质量损益传递模型的提出

大坝混凝土施工是一项工程量巨大、工期长、高峰强度高、工序众多、施工干扰大、施工技术要求高的巨型复杂工程。例如三峡工程混凝土浇筑总量为

2800 万 m³, 枢纽工程高峰期年浇筑量达到 548 万 m³, 最大月浇筑量为 55.35 万 m³。又如三峡一期工程中的纵向围堰坝段 90.00m 高程以下的混凝土施工, 项目中共有混凝土浇筑仓 50 余个, 2 组工序循环圈, 每完成一个仓次需历经 200 多道工序, 一旦开仓浇筑, 将同时牵涉到 10 多个生产部门的 100 多个施工作业队[10]。大坝混凝土的施工质量主要取决于施工网络的整体质量水平, 而工序是施工网络的组成单元, 故对网络中的关键质量源的识别、诊断并对其实施严格的监控与改进是一种有效的质量管理方法。

现有研究认为, 质量损失在复杂产品的传递过程中不断地积累放大, 最终极大地影响产品的质量水平。对于大坝混凝土施工这样一个巨型复杂的工程, 由成千上万道工序组成, 即使每道工序产生微小的质量损失 (损失量在质量标准要求内), 经过质量损失的积累和放大, 最终很难满足产品的质量要求。这就与实际中铸造的高质量混凝土大坝不符, 因此, 需要探讨研究新的质量传递理论。

GERT 网络模型实际上是半马尔可夫过程的模型, 理论基础是信号流图原理和矩母函数理论, 是求解复杂生产问题的有力工具。质量损益传递一方面具有质量损失传递的一般特性, 另一方面, 质量损益传递的求解思路与 GERT 网络的传递特性类似。GERT 网络技术虽已在众多领域中获得广泛的应用, 但纵观近年相关研究发现, 少有文献将 GERT 网络技术应用于质量损益传递问题中。本章建立了基于 GERT 网络的大坝混凝土施工质量损益传递解析模型, 合理度量了工序的质量损益及其对最终产品的影响程度, 探测及诊断了大坝混凝土施工网络中的关键质量路线和关键质量工序。

2.2.2 质量损益函数

2.2.2.1 质量损益函数的定义

设产品的质量特性值为 y, 目标值为 m, 与质量特性值 y 相应的质量损益为 $G(y)$, 若 $G(y)$ 在 $y=m$ 处存在二阶导数, 按泰勒级数展开有

$$G(y) = G(m) + \frac{G'(m)}{1!}(y-m) + \frac{G''(m)}{2!}(y-m)^2 + o[(y-m)^2] \quad (2.20)$$

假定当 $y=m$ 时有最小质量损益, 即 $G'(m) = 0$。由于存在质量补偿, 故 $G(m) \in R$。略去二阶以上的高阶项, 有

$$G(y) = G(m) + k_2(y-m)^2 \quad (2.21)$$

$$k_2 = [A_0 - G(m)]/\Delta_0^2 = [A - G(m)]/\zeta^2 \quad (2.22)$$

式中: $k_2 = G''(m)/2!$ 为常数; $G(m)$ 为实数 R, 由于损失函数在 $y=m$ 时有最小质量损失 0, 故 $G(m)$ 可表示最大质量收益, 称为质量补偿。

式 (2.21) 表示的函数为质量损益函数, $G(y)$ 表示产品特性值为 y 时相

应的质量损益。当 $G(y) > 0$ 时，总质量损失，即由波动引起的质量损失大于质量补偿。当 $G(y) = 0$ 时，质量不发生损失且不产生收益或由波动引起的质量损失等于质量补偿，损益为 0。当 $G(y) < 0$ 时，总质量收益，即由波动引起的质量损失小于质量补偿。质量损益函数 $[G(m) < 0]$ 如图 2.21 所示。一般可根据功能界限 Δ_0 和丧失功能的损失 A_0 或容差 ζ 及不合格损失 A 确定 k_2。k_2 的确定方法见式（2.22）及图 2.22。

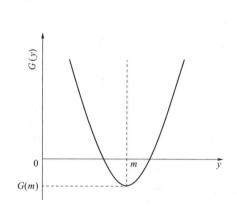

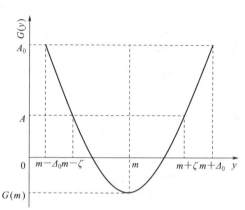

图 2.21　质量损益函数 $[G(m) < 0]$　　　　图 2.22　k_2 的确定方法

由式（2.21）可知，质量损益函数由质量损失项和质量补偿项组成。质量损失项中产品质量波动所造成的损失与偏离目标值 m 的偏差平方成正比，偏差越大，造成的损失也越大。质量补偿项为一常数，这不能充分地表达实际生产的复杂性，因此假定质量补偿为质量特性值 y 的函数，记为

$$g(y) = h(y) \tag{2.23}$$

式（2.23）称为质量补偿函数，则质量损益函数记为

$$G(y) = g(y) + k_2(y - m)^2 \tag{2.24}$$

同理，可得望大特性质量损益函数 $G_1(y)$ 及望小特性质量损益函数 $G_w(y)$ 为

$$G_1(y) = g_1(y) + k_1/y^2 \quad y > 0 \tag{2.25}$$

$$G_w(y) = g_w(y) + k_w y^2 \quad y \geqslant 0 \tag{2.26}$$

2.2.2.2　几种质量损益函数模型

2.2.2.2.1　倒正态质量损益函数模型

Spring[43] 提出了倒正态质量损失函数模型。该模型认为产品质量波动造成的损失是有限的，克服了田口质量损失函数的无界性，质量特性值偏离目标值越远，损失值应接近但不超过某一最大损失值[43]。倒正态质量损益函数如下：

$$G_z(y) = g_z(y) + k_z\{1 - \exp[-(y-m)^2/2\sigma_z^2]\} \tag{2.27}$$

式中：k_z 为质量特性值 y 造成的最大质量损失；σ_z^2 为敏感性参数，σ_z^2 越小表明该质量损失对偏离目标值的敏感程度越高。

若 $g_z(y) = a_z$（常数），则倒正态质量损益函数曲线如图 2.23 所示。

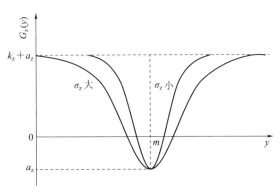

图 2.23　倒正态质量损益函数曲线

2.2.2.2.2　倒伽玛质量损益函数模型

实际中的一些质量损益是非对称的。根据 Spring 给出的倒伽玛质量损失函数[47]，构建倒伽玛质量损益函数：

$$G_g(y) = g_g(y) + k_g\{1 - [y\exp(1-y/m)/m]^{p-1}\} \tag{2.28}$$

式中：k_g 为质量损失系数；p 为质量损失形状参数，可以由工作者根据偏离目标造成的损失拟合形状参数。

若 $g_g(y) = a_g$（常数），则倒伽玛质量损益函数曲线如图 2.24 所示。

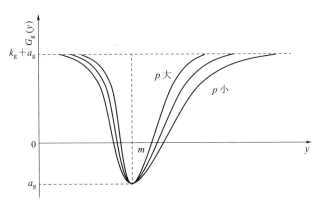

图 2.24　倒伽玛质量损益函数曲线

2.2.2.2.3　分段质量损益函数模型

针对实际生产中常会有质量损益非对称的情况，应用分段函数理论，建立分段质量损益函数模型：

$$G_f(y) = \begin{cases} g_f(y) + k_{f1}(y-m)^2 & y \leqslant m \\ g_f(y) + k_{f2}(y-m)^2 & y > m \end{cases} \tag{2.29}$$

式中：k_{f1}、k_{f2} 为质量损失系数。

若 $g_f(y) = a_f$（常数），则分段质量损益函数曲线如图 2.25 所示。

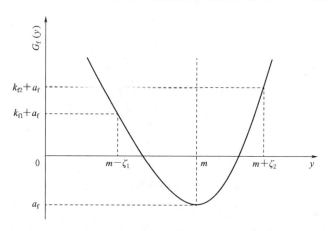

图 2.25　分段质量损益函数曲线

2.2.2.3　多元质量损益函数

2.2.2.3.1　多元质量损益函数构建

组成产品部件的装配质量和加工质量协同作用于产品质量，产品的分质量以一个多元函数的形式对产品质量综合指标产生影响。

$$Q = f(q_1, q_2, \cdots, q_h, \cdots, q_I) \tag{2.30}$$

假定在某个领域 D 内，其原点 P_0（0，0，$\cdots$，0）处，多元函数 f 具有三阶连续的偏导数。产品的分质量指标共有 I 个 q_1，q_2，$\cdots$，q_h，$\cdots$，q_I，分质量指标均为相对质量偏移。总体产品质量表达式可以展开为

$$
\begin{aligned}
f(q_1, q_2, \cdots, q_h \cdots, q_I) = & f(0,0,\cdots,0) + \sum_{h=1}^{I} f'_{q_h}(0,0,\cdots,0)q_h \\
& + \frac{1}{2!} \sum_{h_1=1, h_2=1}^{I} f''_{q_{h_1} q_{h_2}}(0,0,\cdots,0)q_{h_1} q_{h_2} \\
& + \frac{1}{3!} \sum_{h_1, h_2, h_3=1}^{I} f'''_{q_{h_1} q_{h_2} q_{h_3}}(\theta q_1, \theta q_2, \cdots, \theta q_h, \cdots, \theta q_I)
\end{aligned}
\tag{2.31}
$$

式（2.31）中 $0 < \theta < 1$。当 $q_1, q_2, \cdots, q_h, \cdots, q_I = 0$ 时，有最小质量损益，即 $f'_{q_h}(0,0,\cdots,0) = 0, h = 1, 2, \cdots, I$。由于存在质量补偿，故 $f(0,0,\cdots,0) =$

$E \in R$。略去二阶以上的高阶项，有

$$Q = E + \frac{1}{2!} \sum_{h_1=1, h_2=1}^{I} f''_{q_{h_1} \cdot q_{h_2}}(0,0,\cdots,0) q_{h_1} q_{h_2} = E + \sum_{i=1}^{I} k_{ii} q_i^2 + \sum_{i=1, i<j}^{I} k_{ij} q_i q_j$$

(2.32)

式（2.32）表示的函数为多元质量损益函数。其中，E 表示最大质量补偿，k_{ii} 为自影响项质量损失 q_i^2 的权重，$k_{ij}(i<j)$ 为互影响项质量损失 $q_i q_j$ 的权重。质量补偿项为一常数。这不能充分地表达实际生产的复杂性，因此假定质量补偿为相对质量偏移 q 的函数，记为

$$E(q_1, q_2, \cdots, q_h, \cdots, q_I) = g(q_1, q_2, \cdots, q_h, \cdots, q_I)$$

(2.33)

则多元质量损益函数记为

$$Q = g(q_1, q_2 \cdots, q_h, \cdots, q_I) + \frac{1}{2!} \sum_{h_1=1, h_2=1}^{I} f''_{q_{h_1} \cdot q_{h_2}}(0,0,\cdots,0) q_{h_1} q_{h_2}$$

$$= g(q_1, q_2 \cdots, q_h, \cdots, q_I) + \sum_{i=1}^{I} k_{ii} q_i^2 + \sum_{i=1, i<j}^{I} k_{ij} q_i q_j$$

$$= \sum_{i=1}^{I} [k_{ii} q_i^2 + g_i(q_i)] + \sum_{i=1, i<j}^{I} (k_{ij} + e_{ij}) q_i q_j$$

$$= \sum_{i=1}^{I} [k_{ii} q_i^2 + g_i(q_i)] + \sum_{i=1, i<j}^{I} w_{ij} q_i q_j$$

(2.34)

式中：e_{ij} 为互影响项质量补偿 $q_i q_j$ 的权重；w_{ij} 为互影响项质量损益 $q_i q_j$ 的权重；$g_i(q_i)$ 为分质量指标 q_i 的质量补偿函数。

2.2.2.3.2　多元质量损益函数系数确定

任意 $i(i=1,2,\cdots,I)$，当所有的 $q_k = 0(k \neq i)$，ζ_i 为自身质量损益的容差限，A_i 为相对应的自身质量损益，则由式（2.32）得自影响项质量损失系数：

$$k_{ii} = [A_i - g_i(\zeta_i)]/\zeta_i^2$$

(2.35)

对于任意 i、$j(i,j=1,2,\cdots,I,i \leqslant j)$，当所有 $q_k = 0(k \neq i, k \neq j)$，$\zeta_{ij}^i$ 为质量损益发生时 i 质量指标 ij 互作用容差限，ζ_{ij}^j 为质量损益发生时 j 质量指标 ij 互作用容差限，A_{ij} 为互作用质量损益。则有

$$w_{ij} = \frac{A_{ij} - [k_{ii}(\zeta_{ij}^i)^2 + g_i(\zeta_{ij}^i)] - [k_{jj}(\zeta_{ij}^j)^2 + g_j(\zeta_{ij}^j)]}{\zeta_{ij}^i \zeta_{ij}^j}$$

(2.36)

2.2.3　非对称情况下质量损益过程均值设计

2.2.3.1　二次非对称-补偿量恒定的情况

假定随机变量 y 服从正态分布 $N(u, \sigma^2)$，其概率密度函数为 $f_i(y)$，生产过程在未调整之前其输出均值 u 与目标值 m 一致，质量补偿为恒量，即 $g_i(y) = \omega$，

则关于质量特性值 y 的损益函数为

$$G_f(y) = \begin{cases} \omega + k_{f1}(y-m)^2 & y \leqslant m \\ \omega + k_{f2}(y-m)^2 & y > m \end{cases} \tag{2.37}$$

其期望损益为

$$
\begin{aligned}
E[G_f(y)] &= \int_{-\infty}^{m} [\omega + k_{f1}(y-m)^2] f_f(y) \mathrm{d}y \\
&\quad + \int_{m}^{+\infty} [\omega + k_{f2}(y-m)^2] f_f(y) \mathrm{d}y \\
&= \frac{1}{\sigma\sqrt{2\pi}} \int_{-\infty}^{m} [\omega + k_{f1}(y-m)^2] \exp\left[-\frac{(y-u)^2}{2\sigma^2}\right] \mathrm{d}y \\
&\quad + \frac{1}{\sigma\sqrt{2\pi}} \int_{m}^{+\infty} [\omega + k_{f2}(y-m)^2] \exp\left[-\frac{(y-u)^2}{2\sigma^2}\right] \mathrm{d}y
\end{aligned} \tag{2.38}
$$

令 $\delta = (u-m)/\sigma, x = (y-u)/\sigma$ 及 $E[G_f(\delta)] = E[G_f(y)]$ 得

$$
\begin{aligned}
E[G_f(\delta)] &= \frac{1}{\sqrt{2\pi}} \int_{-\infty}^{-\delta} [\omega + k_{f1}(\delta\sigma + x\sigma)^2] \exp\left(-\frac{t^2}{2}\right) \mathrm{d}t \\
&\quad + \frac{1}{\sqrt{2\pi}} \int_{-\delta}^{+\infty} [\omega + k_{f2}(\delta\sigma + x\sigma)^2] \exp\left(-\frac{t^2}{2}\right) \mathrm{d}t \\
&= \omega + \sigma^2 [(k_{f1} - k_{f2})(1+\delta^2)\varphi(-\delta) \\
&\quad + k_{f2}(1+\delta^2) - (k_{f1} - k_{f2})\delta\varphi(\delta)]
\end{aligned} \tag{2.39}
$$

其中，$\phi(x) = \dfrac{1}{\sqrt{2\pi}} \exp\left(-\dfrac{x^2}{2}\right)$，$\varphi(x) = \dfrac{1}{\sqrt{2\pi}} \int_{-\infty}^{x} \exp\left(-\dfrac{t^2}{2}\right) \mathrm{d}t$

令

$$F_1(\delta) = (k_{f1} - k_{f2})(1+\delta^2)\varphi(-\delta) + k_{f2}(1+\delta^2) - (k_{f1} - k_{f2})\delta\phi(\delta) \tag{2.40}$$

则

$$E[G_f(\delta)] = \omega + F_1(\delta)\sigma^2 \tag{2.41}$$

因为 $\sigma > 0$，故 $E[G_f(\delta)]$ 与 $F_1(\delta)$ 有相同的极值点。求 $F_1(\delta)$ 关于 δ 的一阶微分，并令其等于 0，有

$$\partial F_1(\delta)/\partial\delta = (k_{f1} - k_{f2})[2\delta\varphi(-\delta) - 2\phi(\delta)] + 2\delta k_{f2} = 0 \tag{2.42}$$

$F_1(\delta)$ 关于 δ 的二阶微分，得

$$\partial^2 F_1(\delta)/\partial\delta^2 = 2(k_{f1} - k_{f2})\varphi(-\delta) + 2k_{f2} \tag{2.43}$$

因为 $0 \leqslant \varphi(-\delta) \leqslant 1, k_{f2} > 0$，故 $\partial^2 F_1(\delta)/\partial\delta^2 > 0$，所以 $\partial F_1(\delta)/\partial\delta$ 的零点 δ_1 就是 $F_1(\delta)$ 的极小值点，也即 $E[G_f(\delta)]$ 的极小值点。又由 $\delta = (u-m)/\sigma$ 得

$$u_1 = \delta_1\sigma + m \tag{2.44}$$

即 u_1 为最优输出均值。此时"田口指数"为

$$C_{pm}^{\delta_1} = \frac{T_u - T_l}{6\sigma'} = \frac{T_u - T_l}{6\sqrt{\sigma^2 + \delta_1^2\sigma^2}} = \frac{T_u - T_l}{6\sigma\sqrt{1+\delta_1^2}} \qquad (2.45)$$

式中，T_u、T_l 分别代表产品规格的上、下限。

当过程未发生偏移，即 $u = m$，$\delta = 0$，"田口指数"为

$$C_{pm}^0 = \frac{T_u - T_l}{6\sigma'} = \frac{T_u - T_l}{6\sqrt{\sigma^2}} = \frac{T_u - T_l}{6\sigma} \qquad (2.46)$$

令 $R_f = k_{f1}/k_{f2}$ 为非对称比率，$P_f = C_{pm}^{\delta_1}/C_{pm}^0$ 为过程有效偏移率，可以发现 δ_1 是 k_{f1}，k_{f2} 的函数，记为 δ_1（k_{f1}，k_{f2}）。R_f、P_f 与 δ_1 之间的关系如图 2.26 所示。

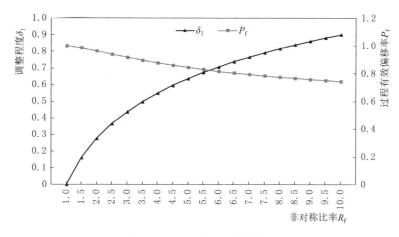

图 2.26 R_f、P_f 与 δ_1 之间的关系

由图 2.26 可知，当 $k_{f1} \geq k_{f2}$（$k_{f1} < k_{f2}$）时，即 $R_f \geq 1$（$R_f < 1$）时，$\delta_1 \geq 0$（$\delta_1 < 0$），则最优过程均值大于等于（小于）目标值 m，并且非对称比率越大，调整的程度 δ_1 越大，而过程有效偏移 P_f 越小。

2.2.3.2 二次非对称-双曲正切补偿

在生产实践中，质量补偿是有限的，为了反映补偿函数的有界性，根据双曲正切函数式（2.47）的性质构造双曲正切补偿函数。

$$\text{th}(x) = \frac{\exp(x) - \exp(-x)}{\exp(x) + \exp(-x)} = 1 - \frac{2}{\exp(2x)+1} \qquad (2.47)$$

$$g_s(y) = \begin{cases} \alpha\left\{1 - \dfrac{2}{\exp[2(y-m)]+1}\right\} + \beta & y \geq m \\ -\alpha\left\{1 - \dfrac{2}{\exp[2(y-m)]+1}\right\} + \beta & y < m \end{cases} \qquad \alpha > 0 \quad (2.48)$$

式 (2.48) 表示的函数为双曲正切质量补偿函数。其中，α 为双曲正切质量补偿系数，β 为质量特性值 y 的最大补偿量（$\beta<0$ 为正补偿，$\beta>0$ 为负补偿），m 为质量目标值。从式 (2.48) 可看出，产品质量特性值在目标值处有最大补偿，偏离目标值越远，补偿越小且接近最小补偿量 $\alpha+\beta$。双曲正切函数曲线如图 2.27 所示，双曲正切质量补偿函数曲线如图 2.28 所示。

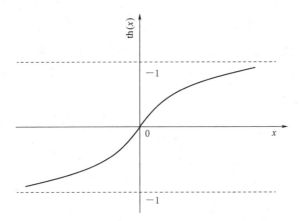

图 2.27　双曲正切函数曲线

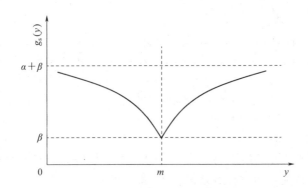

图 2.28　双曲正切质量补偿函数曲线（$\beta>0$）

由式 (2.47) 可知，双曲正切函数自变量 x 在 $(-\infty, +\infty)$ 上连续，且 $\mathrm{th}(x)$ 在 $x=0$ 处存在三阶导数，按泰勒级数展开有

$$\mathrm{th}(x) = \mathrm{th}(0) + \frac{\mathrm{th}'(0)}{1!}x + \frac{\mathrm{th}''(0)}{2!}x^2 + \frac{\mathrm{th}'''(0)}{3!}x^3 + o(x^3) \qquad (2.49)$$

因 $\mathrm{th}(0)=0$，$\mathrm{th}'(0)=1$，$\mathrm{th}''(0)=0$，$\mathrm{th}'''(0)=-2$，$\mathrm{th}(x)$ 可由 $\mathrm{th}^*(x)$ 估计：

$$\mathrm{th}^*(x)=x-1/3x^3 \qquad (2.50)$$

$\mathrm{th}^*(x)$ 与 $\mathrm{th}(x)$ 之间存在估计偏差且随着 x 偏离 0 点越远，偏差越大，

当 $\varepsilon = 1$ 时，估计偏差小于 13%，为了精确估计，假设 $\varepsilon \in [-1, 1]$，可用 $\text{th}^{**}(x)$ 对 $\text{th}^{*}(x)$ 修正

$$\text{th}^{**}(x) = \begin{cases} -1 & x < -\varepsilon \\ x - x^3/3 & -\varepsilon \leqslant x \leqslant \varepsilon \\ 1 & x > \varepsilon \end{cases} \tag{2.51}$$

则双曲正切质量补偿函数可估计为

$$g_s^{*}(y) = \begin{cases} \alpha[(y-m)-(y-m)^3/3]+\beta & m < y \leqslant m+\varepsilon \\ -\alpha[(y-m)-(y-m)^3/3]+\beta & m-\varepsilon \leqslant y \leqslant m \\ \alpha+\beta & y < m-\varepsilon \ \text{ or } \ y > m+\varepsilon \end{cases} \tag{2.52}$$

对于二次非对称-双曲正切补偿的情况，优化过程均值即使其质量损益最小。假定随机变量 y 服从正态分布 $N(u, \sigma^2)$，其概率密度函数记为 $f_s(y)$，生产工序过程在未调整之前其输出均值 u 与目标值 m 一致，质量特性值 y 的二次非对称双曲正切补偿质量损益函数 $G_s(y)$ 见式（2.53），二次非对称双曲正切补偿质量损益函数曲线如图 2.29 所示。

$$G_s(y) = \begin{cases} \gamma_1(y-m)^2+\alpha+\beta & y < m-\varepsilon \\ \gamma_1(y-m)^2-\alpha[(y-m)-(y-m)^3/3]+\beta & m-\varepsilon \leqslant y \leqslant m \\ \gamma_2(y-m)^2+\alpha[(y-m)-(y-m)^3/3]+\beta & m < y \leqslant m+\varepsilon \\ \gamma_2(y-m)^2+\alpha+\beta & y > m+\varepsilon \end{cases} \quad \alpha > 0 \tag{2.53}$$

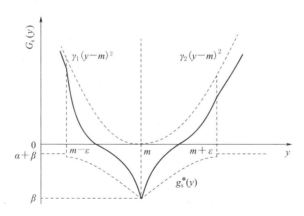

图 2.29 二次非对称双曲正切补偿质量损益函数曲线

其期望损益为

$$E[G_s(y)] = \int_{-\infty}^{m-\varepsilon}[\gamma_1(y-m)^2+\alpha+\beta]f_s(y)\mathrm{d}y$$

$$+ \int_{m-\varepsilon}^{m}\{\gamma_1(y-m)^2-\alpha[(y-m)-(y-m)^3/3]+\beta\}f_s(y)\mathrm{d}y$$

$$+ \int_m^{m+\varepsilon} \{\gamma_2 (y-m)^2 + \alpha[(y-m) - (y-m)^3/3] + \beta\} f_s(y) \mathrm{d}y$$

$$+ \int_{m+\varepsilon}^{+\infty} [\gamma_2 (y-m)^2 + \alpha + \beta] f_s(y) \mathrm{d}y$$

$$= \int_{-\infty}^m \gamma_1 (y-m)^2 f_s(y) \mathrm{d}y + \int_m^{+\infty} \gamma_2 (y-m)^2 f_s(y) \mathrm{d}y$$

$$- \int_{m-\varepsilon}^m \alpha[(y-m) - (y-m)^3/3] f_s(y) \mathrm{d}y$$

$$+ \int_m^{m+\varepsilon} \alpha[(y-m) - (y-m)^3/3] f_s(y) \mathrm{d}y + \alpha + \beta - \alpha \int_{m-\varepsilon}^{m+\varepsilon} f_s(y) \mathrm{d}y$$

$$\tag{2.54}$$

令 $\delta = (u-m)/\sigma, z = (y-u)/\sigma, \phi(x) = \dfrac{1}{\sqrt{2\pi}} \exp\left(-\dfrac{x^2}{2}\right)$, $\varphi(x) = \dfrac{1}{\sqrt{2\pi}}$

$\displaystyle\int_{-\infty}^x \exp\left(-\dfrac{t^2}{2}\right) \mathrm{d}t$ 及 $E[G_s(\delta)] = E[G_s(y)]$ 得

$$E[G_s(y)] = \sigma^2 [(\gamma_1 - \gamma_2)(1+\delta^2)\varphi(-\delta) + \gamma_2(1+\delta^2) - (\gamma_1 - \gamma_2)\delta\phi(\delta)]$$

$$+ \alpha\sigma\{\delta[\varphi(-\delta - \varepsilon/\sigma) + \varphi(-\delta + \varepsilon/\sigma)$$

$$- 2\varphi(-\delta)] + [2\phi(\delta) - \phi(\delta - \varepsilon/\sigma) - \phi(\delta + \varepsilon/\sigma)]\}$$

$$- (\alpha\sigma^3/3)\{(\delta^3 + 3\delta)[\varphi(-\delta - \varepsilon/\sigma) + \varphi(-\delta + \varepsilon/\sigma)$$

$$- 2\varphi(-\delta)] - [3\delta^2 - 3\delta(\delta - \varepsilon/\sigma) + (\delta - \varepsilon/\sigma)^2 + 2]\phi(\delta - \varepsilon/\sigma)$$

$$- [3\delta^2 - 3\delta(\delta + \varepsilon/\sigma) + (\delta + \varepsilon/\sigma)^2 + 2]\phi(\delta + \varepsilon/\sigma) + 2(\delta^2 + 2)\phi(\delta)\}$$

$$+ \alpha + \beta - \alpha[\varphi(-\delta + \varepsilon/\sigma) - \varphi(-\delta - \varepsilon/\sigma)]$$

$$\tag{2.55}$$

可以证明，质量损益函数 $G_s(y)$ 的期望 $E[G_s(y)]$ 存在极小值点 δ_2，即 $E[G_s(y)]$ 关于 δ 的一阶微分，并令其等于 0。

$$\partial E[G_s(y)]/\partial\delta = \sigma^2\{(\gamma_1 - \gamma_2)[2\delta\varphi(-\delta) - 2\phi(\delta)] + 2\delta\gamma_2\}$$

$$+ \alpha\sigma[1 - \sigma^2(\delta^2 + 1)][\varphi(-\delta - \varepsilon/\sigma) + \varphi(-\delta + \varepsilon/\sigma) - 2\varphi(-\delta)]$$

$$+ \alpha\sigma\delta[1 - \sigma^2(\delta^2 + 3)/3][2\phi(\delta) - \phi(\delta + \varepsilon/\sigma) - \phi(\delta - \varepsilon/\sigma)]$$

$$+ \alpha\sigma\{1 - \sigma^2[3\delta^2 - 3\delta(\delta + \varepsilon/\sigma) + (\delta + \varepsilon/\sigma)^2 + 2]\}(\delta + \varepsilon/\sigma)\phi(\delta + \varepsilon/\sigma)$$

$$+ \alpha\sigma\{1 - \sigma^2[3\delta^2 - 3\delta(\delta - \varepsilon/\sigma) + (\delta - \varepsilon/\sigma)^2 + 2]\}(\delta - \varepsilon/\sigma)\phi(\delta - \varepsilon/\sigma)$$

$$+ 2\alpha\sigma\delta(\sigma^2\delta^2/3 - 1)\phi(\delta) + \alpha(\delta\sigma^3 + 1)\phi(\delta - \varepsilon/\sigma) + \alpha(\delta\sigma^3 - 1)\phi(\delta + \varepsilon/\sigma)$$

$$\tag{2.56}$$

由 $\delta = (u-m)/\sigma$ 得 $u_2 = \delta_2\sigma + m$，即 u_2 为最优输出均值。类似的，令 $\theta = \alpha/\gamma_2$ 为相对补偿度，$R_s = \gamma_1/\gamma_2$ 为非对称比率，$P_s = C_{pm}^{\delta2}/C_{pm}^0$ 为过程有效偏移率，$\varepsilon = 1$。由式（2.56）可知，质量损益函数 $G_s(y)$ 的最优均值与最大补偿量 β 无关，故假定 $\beta = -\alpha$。非对称比率 R_s 与调整程度 δ_2 间的关系如图 2.30 所示，非对称比率 R_s 与过程有效偏移率 P_s 间的关系如图 2.31 所示。

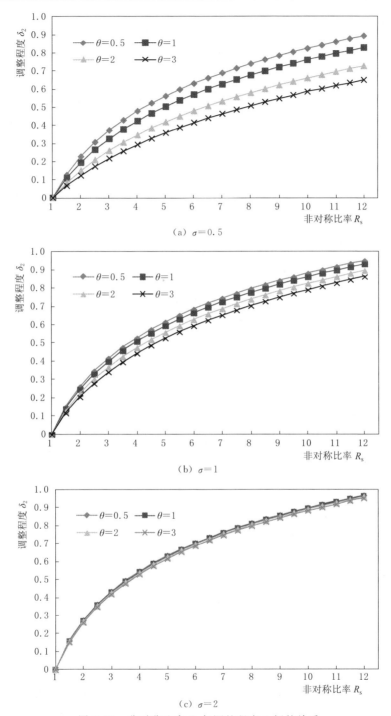

图 2.30 非对称比率 R_s 与调整程度 δ_2 间的关系

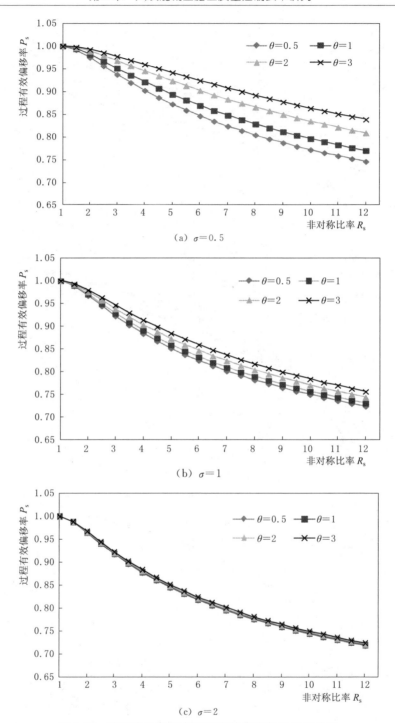

图 2.31　非对称比率 R_s 与过程有效偏移率 P_s 间的关系

由非对称比率 R_s 与调整程度 δ_2 及过程有效偏移率 P_s 的仿真结果可得出如下结论：

（1）调整程度 δ_2 及过程有效偏移率 P_s 是关于非对称比率 R_s、标准差 σ 及相对补偿度 θ 的函数，即 $\delta_2 = S_1(R_s, \sigma, \theta)$，$P_s = S_2(R_s, \sigma, \theta)$。

（2）当 $\gamma_1 \geqslant \gamma_2(\gamma_1 < \gamma_1)$，即 $R_s \geqslant 1(R_s < 1)$ 时，$\delta_2 \geqslant 0(\delta < 0)$，那么最优过程均值 $u_2 = \delta_2 + m$ 大于等于（小于）目标值 m，过程有效偏移率 P_s 小于等于 1。

（3）当 σ、θ 固定，非对称比率 R_s 越大，调整程度 δ_2 越大，过程有效偏移率 P_s 越小。当 σ、R_s 固定，则相对补偿度 θ 越大，调整程度 δ_2 越小，过程有效偏移率 P_s 越大。当 θ、R_s 固定，标准差 σ 越大，调整程度 δ_2 越大，过程有效偏移率 P_s 越小。

（4）标准差 σ 越大，相对补偿度 θ 对调整程度 δ_2 及过程有效偏移率 P_s 的影响不显著。

2.2.4 基于质量损益函数的大坝混凝土施工质量特性容差优化

结合质量损益函数及结构方程理论，将大坝混凝土施工质量特性的相对质量损益数列作为输入参数，大坝混凝土施工工序及整体工程质量满意度作为隐变量，测算各质量特性对大坝混凝土施工的质量载荷；在以上分析成果的基础上，考虑质量特性的质量补偿效果，构建目标规划模型，研究大坝混凝土施工各质量特性的容差优化问题，以实现施工质量的最优改善。

2.2.4.1 大坝混凝土施工结构方程模型设计

2.2.4.1.1 输入数列

将大坝混凝土施工各质量特性的质量损益进行无量纲化处理，望目特性相对质量损益函数 $G_N^*(y_i)$、望大特性相对质量损益函数 $G_L^*(y_j)$ 及望小特性相对质量损益函数 $G_W^*(y_k)$ 可设计为

$$G_N^*(y_i) = \begin{cases} \left(\dfrac{y_i - u}{LSL - u}\right)^2 & y_i \in [LSL, u] \\ \left(\dfrac{y_i - u}{USL - u}\right)^2 & y_i \in (u, USL] \end{cases} \tag{2.57}$$

$$G_L^*(y_j) = \left(\frac{y_j - y_u}{y_u - y_l}\right)^2 \tag{2.58}$$

$$G_W^*(y_j) = \left(\frac{y_k - y_{l1}}{y_{u1} - y_{l1}}\right)^2 \tag{2.59}$$

式中：u 为 y_i 的质量目标值；USL 和 LSL 为 y_i 的最大及最小容差线；y_u 为 y_j 的最优目标值；y_l 为最小可接受值；y_{l1} 为 y_k 的最优目标值；y_{u1} 为最大可接受值。相对质量损益函数越趋近于最小值 0，不表示质量损益值越趋于 0，仅表

示质量损益趋近于最小值，表明该质量特性的质量水平越高；相对质量损益越逼近最大值 1，表明该特性的质量水平越低。

2.2.4.1.2　大坝混凝土施工的高阶因子模型

将各相对质量损益数列设计为结构方程中可测量的显变量，用 δ_i 表示质量特性 i 的测量误差。将大坝混凝土施工及各施工工序的质量满意度设计为模型中的隐变量，并将其表征为高阶因子，大坝混凝土施工的高阶因子模型及其路径图如图 2.32 所示。

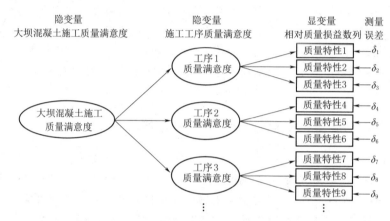

图 2.32　大坝混凝土施工的高阶因子模型及其路径图

2.2.4.1.3　模型求解

假设大坝混凝土施工 n 个质量特性的相对质量损益数列为 $Y = \{y_1, y_2, \cdots, y_n\}$，$m$ 个施工工序的质量满意度数列为 $X = \{x_1, x_2, \cdots, x_m\}$ 和工程质量满意度 Z；施工工序 j 的质量满意度与相对质量损益 y_i 之间的关联荷载为 p_{ij}，y_i 的测量误差为 δ_i，则二者的关联方程为 $y_i = p_{ij} x_j + \delta_i$；施工工序 j 的质量满意度与工程质量满意度 Z 之间的关联载荷为 q_j，x_j 的测量误差为 ε_j，得二者的关联方程为 $x_j = q_j z + \varepsilon_j$。相对质量损益数列 y_α 和 $y_\beta [\alpha, \beta \in (1, 2, \cdots, n)]$ 的协方差 $\mathrm{cov}(y_\alpha, y_\beta) = \mathrm{cov}(p_{\alpha i} x_i + \delta_\alpha, p_{\beta j} y_j + \delta_\beta) = p_{\alpha i} p_{\beta j} \phi_{ij}$。根据相对质量损益数列的实际协方差矩阵 $\boldsymbol{\Sigma}$ 为样本协方差矩阵 $\boldsymbol{C}$ 的极大似然估计，即 $\boldsymbol{C} = \boldsymbol{\Sigma}$，求解该方程组，可得质量载荷矩阵 $\boldsymbol{P}$、$\boldsymbol{Q}$ 及相对质量损益数列 Y 的测量误差 δ。

2.2.4.1.4　模型检验与调整

模型检验指标主要有卡方值 χ^2、拟合优度指数 GFI、近似误差均方根 RMSEA、比较拟合指数 CFI、增值拟合指数 IFI 及 Tucker–Lewis 指数 TLI 等。

2.2.4.2　大坝混凝土施工质量特性容差优化模型

2.2.4.2.1　质量特性的相对质量贡献度

若 n 类质量特性对工程质量的重要度权重 $W = \{w_i\}$，结合结构方程模型

输出载荷结果 $P = \{p_{ij}\}$ 和 $Q = \{q_j\}$，可得质量特性对工程质量的绝对贡献度为 $D = \{d_i\} = \{w_i p_{ij} q_j\}$，对其进行标准化处理，可得各质量特性对工程质量的相对贡献度为：

$$E = \{e_i\}_{1 \times n} = \left\{ d_i / \sum_{i=1}^{n} d_i \right\} \tag{2.60}$$

若 $e_k = \max\{e_i\}$，则意味着该质量特性为质量瓶颈，应缩小该质量特性的容差区间，强化其质量要求，以提升工程整体质量水平。而对于某些重要性不强且前期质量保证效果较好的质量特性，可适当放松其容差要求。

2.2.4.2.2 质量特性的容差调整率

质量特性 i 的容差调整率 f_i 是用于描述质量特性的质量标准和容差要求的变动及调整情况。主动容差调整率 b_i 表示为了提高工程整体质量而调整自身的容差线，主动容差调整需要消耗资源。损益容差调整率 b_i^s 表示在同一个施工工序中其他质量特性容差变动（仅指主动容差调整）给本质量特性带来的容差变动，损益容差调整不消耗资源。

若同比例双向调整后的最大、最小容差线分别是 USL^* 和 LSL^*，调整望大质量特性后最小可接受值为 y_l^*，调整望小质量特性后最大可接受值为 y_{u1}^*，则望目质量特性 y_i、望大质量特性 y_j、望小质量特性 y_k 的主动容差调整率 b_i、b_j 及 b_k 分别为

$$b_i = \frac{USL - LSL}{USL^* - LSL^*} - 1 \tag{2.61}$$

$$b_j = \frac{y_l^*}{y_l} - 1 \tag{2.62}$$

$$b_k = \frac{y_{u1}^*}{y_{u1}} - 1 \tag{2.63}$$

设质量特性 i 的损益容差调整率 b_i^s 为同一施工工序其他质量特性主动容差调整率的综合效应，表示为

$$b_i^s = \sum_{j=1, j \neq i}^{h} r_{ij} b_j \tag{2.64}$$

式中：h 为某一施工工序的质量特性个数；$r_{ij} \geqslant 0$，为质量特性 j 对质量特性 i 的损益容差调整率折算系数。容差调整率为主动容差调整率与损益容差调整率的和，表示为

$$f_i = b_i + b_i^s = b_i + \sum_{j=1, j \neq i}^{h} r_{ij} b_j \tag{2.65}$$

2.2.4.2.3 质量特性的容差优化模型

若质量特性 i 的容差调整率为 f_i，则该质量特性对工程质量的改进为实际改善率与其相对贡献度的乘积，即 $v_i = f_i e_i$。容差优化的目标函数设计为

$$\max V = \sum_{i=1}^{n} f_i e_i = \sum_{i=1}^{n} \left(b_i + \sum_{j=1, j \neq i}^{h} r_{ij} b_j \right) e_i \tag{2.66}$$

由于系统的原因，质量改善率存在一定的限制，可表示为 $B_{LSL} \leqslant B \leqslant B_{USL}$。若资源总量矩阵为 H，单位改善的资源需求矩阵为 J，则资源约束为 $BJ \leqslant H$。则工程施工质量特性的容差优化模型可表示为

$$\max V = \sum_{i=1}^{n} f_i e_i = \sum_{i=1}^{n} \left(b_i + \sum_{j=1, j \neq i}^{h} r_{ij} b_j \right) e_i$$

$$s.t. \begin{cases} B_{LSL} \leqslant B \leqslant B_{USL} \\ BJ \leqslant H \end{cases} \tag{2.67}$$

求解规划模型，可得各质量特性最优改善率 $B^* = (b_1^*, b_2^*, \cdots, b_n^*)^{\mathrm{T}}$。根据各质量特性的类型，将 B^* 分别反代入式（2.61）～式（2.63），可得各质量特性经优化调整后的容差区间。

2.2.5　质量损益传递 GERT 网络的关键质量源诊断与探测算法

2.2.5.1　质量损益传递 GERT 网络模型构建设计

定义 2.15：质量损益传递 GERT 网络模型由节点、箭线和质量损益流三个要素组成：节点表示工序，流反映了网络中工序间质量损益传递活动定量化的相互制约关系，箭线表示各工序之间的质量损益传递活动。

假设 2.5：工序施工过程中，一方面由于工序质量特性值偏离目标值而产生质量损失；另一方面，该工序可能会对其紧前工序产生质量补偿。

假设 2.6：质量补偿不产生回路，且仅为其紧前工序产生质量补偿。

假设 2.7：首工序对其紧前工序的质量补偿量为 0。

工序的质量补偿是在工序施工过程中进行的，即工序 j 对其紧前工序 i 的质量补偿是在工序 j 完成后向下道工序传递的。若 j 为尾工序，那么工序 j 仍然产生质量损失及对紧前工序的质量补偿。为了表达尾工序的质量损失，假定一个虚拟尾工序，即在尾工序后增加一个工序。虚拟尾工序在实际施工中不存在，本章设定虚拟尾工序仅是为了便于说明质量损益的传递过程。质量损益传递过程如图 2.33 所示。

图 2.33　质量损益传递过程

图中，$U_{i,j}$ 表示从工序 i 到其紧后工序 j 的质量损失流；$p_{i,j}$ 表示质量损失流发生的概率；$M_{i,j}$ 表示其间质量损失传递的条件概率函数；$C_{i,j}$ 表示工序 j 对其紧前工序 i 的质量补偿流；$q_{j,i}$ 表示质量补偿流发生的概率；$N_{j,i}$ 表示其间

质量补偿传递的条件概率函数。若 i 为首工序，由假设 2.7 知，工序 i 对其紧前工序的质量补偿量为 0，即 $C_{i,0}=0$。为了方便计算，将工序 j 对其紧前工序 i 的质量补偿标注于工序 i 到工序 j 箭线的下方，仅表示工序 j 对工序 i 的质量补偿，并不表示质量补偿是从工序 i 传向工序 j。质量损益传递 GERT 网络模型的基本构成单元如图 2.34 所示。

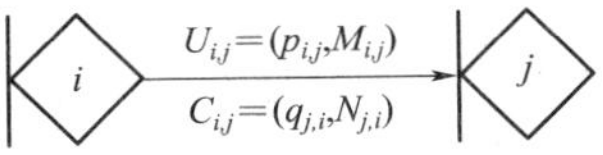

$$\vert\langle\!\!\!\langle\ i\ \rangle\!\!\!\rangle\vert \quad \begin{array}{c} U_{i,j}=(p_{i,j},M_{i,j}) \\ \hline C_{i,j}=(q_{j,i},N_{j,i}) \end{array} \quad \vert\langle\!\!\!\langle\ j\ \rangle\!\!\!\rangle\vert$$

图 2.34 质量损益传递 GERT 网络模型基本构成单元

在质量损益传递 GERT 网络中，根据工序之间的逻辑关系，将基本构成单元分为串联、并联及混联形式。质量损益传递 GERT 网络结构示意图如图 2.35 所示。

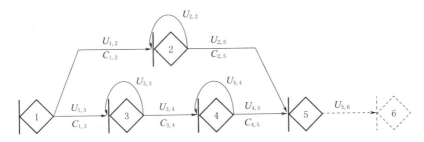

图 2.35 质量损益传递 GERT 网络结构示意图

特别的，对于质量损失流 $U_{i,j}$，如果 $i\neq j$，说明工序 i 质量符合设计要求，其紧后工序 j 可在工序 i 的基础上进行施工。如果 $i=j$，便会在该节点处形成一个回路，这意味着工序 i 质量不符合设计要求，需进行返工或重新施工，可认为是对工序 i 的一种质量补偿。

2.2.5.2 质量损失及质量补偿传递过程矩母函数设计

在质量损益传递的 GERT 网络模型中，若工序 i 对其紧后工序 j 传递的质量损失 $L_{i,j}(x)$ 服从某种特定的概率分布 $f_{i,j}(x)$，则质量损失有向弧 (i,j) 的矩母函数为

$$M_{i,j}(s) = \int_{-\infty}^{+\infty} e^{sX} f(x)\,\mathrm{d}x \tag{2.68}$$

若工序 j 对其紧前工序 i 产生的质量补偿 $G_{i,j}(x)$ 服从某种特定的概率分布 $g_{i,j}(x)$，则质量补偿有向弧 (i,j) 的矩母函数为

$$N_{j,i}(s) = \int_{-\infty}^{+\infty} e^{sX} g(x)\,\mathrm{d}x \tag{2.69}$$

在工程实践中，参数分布 $f(x)$、$g(x)$ 可以通过数理统计及专家经验估算等途径获得。

2.2.5.3 质量损益传递 GERT 网络等价参数计算

在质量损益传递 GERT 网络中，若工序 i 与工序 j 之间质量损失等价传递函数为 $W_{i,j}^{\mathrm{l}}(s)$，则从工序 i 到工序 j 的质量损失等价传递概率 $p_{i,j} = W_{i,j}^{\mathrm{l}}(s)\big|_{s=0}$，且其等价矩母函数 $M_{i,j}(s) = W_{i,j}^{\mathrm{l}}(s)/p_{i,j}$。若工序 j 对其紧前工序 i 的质量补偿等价传递函数为 $W_{i,j}^{\mathrm{c}}(s)$，则工序 j 对工序 i 的质量补偿等价传递概率 $q_{j,i} = W_{i,j}^{\mathrm{c}}(s)\big|_{s=0}$，且其等价矩母函数 $N_{j,i}(s) = W_{i,j}^{\mathrm{c}}(s)/q_{j,i}$。根据工序间的逻辑关系，不同结构的网络等价传递参数有所差异。

2.2.5.3.1 串联结构质量损益传递 GERT 网络等价参数计算

由多个工序节点连续串在一起的结构称为串行结构。由于具有线性特征，串行结构总可以用联系首尾工序节点的一个单箭头等价网络来替代。串联结构等价参数测算示意图如图 2.36 所示。

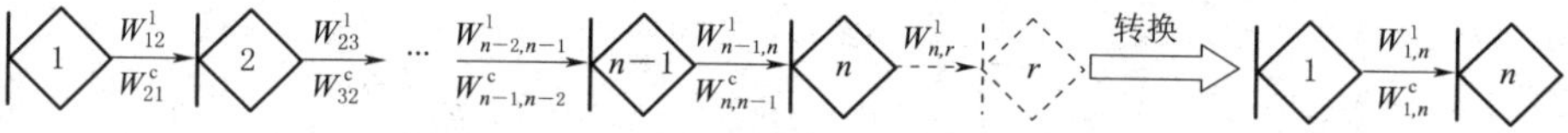

图 2.36 串联结构等价参数测算示意图

定理 2.1：串联结构质量损益 GERT 网络等价参数为相邻节点质量损失及质量补偿各自等价传递函数求积再求和，即

$$W_{1,n}(s) = \prod_{i=1}^{n} W_{i,i+1}^{\mathrm{l}}(s) + \prod_{i=1}^{n-1} W_{i,i+1}^{\mathrm{c}}(s) \tag{2.70}$$

证明：由于 $W_{i,j}(s) = p_{i,j} M_{i,j}(s)$，故

$$W_{1,n}^{\mathrm{l}}(s) = p_{1,n} M_{1,n}(s) = \prod_{i=1}^{n} p_{i,i+1} \prod_{i=1}^{n} M_{i,i+1}(s) = \prod_{i=1}^{n} p_{i,i+1} M_{i,i+1}(s)$$

$$= \prod_{i=1}^{n} W_{i,i+1}^{\mathrm{l}}(s)$$

同理可证 $W_{1,n}^{\mathrm{c}}(s) = \prod_{i=1}^{n-1} W_{i,i+1}^{\mathrm{c}}(s)$。因为各工序产生的质量损失及获得的质量补偿均消除了质量特性度量单位的影响，并以价格统一表征，故串联结构质量损益传递 GERT 网络等价参数为相邻节点质量损失及质量补偿各自等价传递函数求积再求和。

2.2.5.3.2 并联结构质量损益传递 GERT 网络等价参数计算

类似于电路理论中的并联结构，设从工序节点 i 到工序节点 n 有 k 条路，第 t 条路对应的质量损益传递函数为 $W_{i,n}^{t}$，其中质量损失传递函数为 $W_{i,n}^{\mathrm{lt}}$，质量补偿传递函数为 $W_{i,n}^{\mathrm{ct}}$，并联结构等价参数测算示意图如图 2.37 所示。

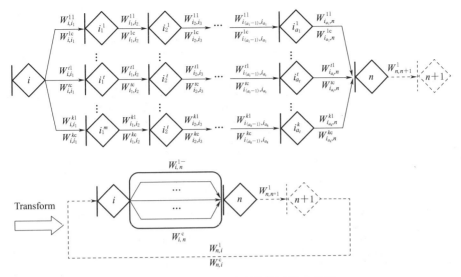

图 2.37 并联结构等价参数测算示意图

定理 2.2：并联结构质量损益传递 GERT 网络等价参数为各线路上质量损益等价传递函数之和，即

$$W_{i,n}(s) = \sum_{t=1}^{k} W_{i,n}^{t}(s) = W_{n,n+1}^{1} \sum_{t=1}^{k} W_{i,n}^{tl-}(s) + \sum_{t=1}^{k} W_{i,n}^{tc}(s) \qquad (2.71)$$

式中：$W_{i,n}^{tl}(s) = W_{i,i_1}^{l}(s) W_{i_1,i_2}^{l}(s) \cdots W_{i_{a_t-1},a_t}^{l}(s) W_{i_{a_t},n}^{l}(s)$；$W_{i,n}^{tc}(s) = W_{i,i_1}^{c}(s) W_{i_1,i_2}^{c}(s) \cdots$ $W_{i_{a_t-1},a_t}^{c}(s) W_{i_{a_t},n}^{c}(s)$；$a_t$ 为并行线路中第 t 条路线上工序节点的个数。

证明：由图 2.37 下侧所示，将原并联结构模型转化为一个回路模型，该网络模型存在 k 条封闭回路，根据梅森公式可得网络特性值为

$$H_1 = 1 - W_{i,n}^{1l-}(s) W_{n,n+1}^{1}(s) W_{n,i}^{1}(s) - W_{i,n}^{2l-}(s) W_{n,n+1}^{1}(s) W_{n,i}^{1}(s)$$

$$- \cdots - W_{i,n}^{tl-}(s) W_{n,n+1}^{1}(s) W_{n,i}^{1}(s) - \cdots - W_{i,n}^{kl-}(s) W_{n,n+1}^{1}(s) W_{n,i}^{1}(s)$$

$$= 1 - \sum_{t=1}^{k} W_{i,n}^{tl-}(s) W_{n,n+1}^{1}(s) \frac{1}{W_{i,n}^{1}(s)} = 0 \qquad (2.72)$$

$$H_2 = 1 - W_{i,n}^{1c}(s) W_{n,i}^{c}(s) - W_{i,n}^{2c}(s) W_{n,i}^{c}(s) - \cdots - W_{i,n}^{tc}(s) W_{n,i}^{c}(s)$$

$$- \cdots - W_{i,n}^{kc}(s) W_{n,i}^{c}(s) = 1 - \sum_{t=1}^{k} W_{i,n}^{tc}(s) \frac{1}{W_{i,n}^{c}(s)} = 0 \qquad (2.73)$$

因此，$W_{i,n}^{1}(s) = W_{n,n+1}^{1} \sum_{t=1}^{k} W_{i,n}^{tl-}(s)$，$W_{i,n}^{c}(s) = \sum_{t=1}^{k} W_{i,n}^{tc}(s)$。

由于 $W_{i,n}(s) = W_{i,n}^{1}(s) + W_{i,n}^{c}(s)$，故定理 2.2 得证。

2.2.5.3.3 混合结构质量损益传递 GERT 网络等价参数计算

混合结构等价参数测算示意图如图 2.38 所示。

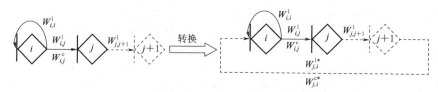

图 2.38　混合结构等价参数测算示意图

定理 2.3：在实际 GERT 网络中，把存在回路的网络结构称为混合结构，混合结构质量损益传递 GERT 网络等价参数计算公式为

$$W_{i,j}(s) = \frac{W_{i,j}^{l}(s)W_{j,j+1}^{l}(s)}{1 - W_{i,i}^{l}(s)} + W_{i,j}^{c}(s) \tag{2.74}$$

证明：以工序节点 j 为起始节点，工序节点 i 为终止节点构造辅助箭线（以虚线表示），其质量损失传递函数为 $W_{j,i}^{l}(s)$，质量补偿传递函数为$W_{j,i}^{c}(s)$，这样原混联结构模型便转化为一个回路模型。由图 2.38 右侧可知，该网络模型存在 1 条封闭回路，根据梅森公式可得网络特性值为

$$H_3 = 1 - W_{i,i}^{l}(s) - W_{i,j}^{l}(s)W_{j,j+1}^{l}(s)W_{j,i}^{l*}(s)$$

$$= 1 - W_{i,i}^{l}(s) - \frac{W_{i,j}^{l}(s)W_{j,j+1}^{l}(s)}{W_{i,j}^{l*}(s)} = 0 \tag{2.75}$$

$$H_4 = 1 - W_{i,j}^{c}(s)W_{j,i}^{c*}(s) = 1 - \frac{W_{i,j}^{c}(s)}{W_{i,j}^{c*}(s)} = 0 \tag{2.76}$$

因此，$W_{i,j}^{l*}(s) = \dfrac{W_{i,j}^{l}(s)W_{j,j+1}^{l}(s)}{1 - W_{i,i}^{l}(s)}$，$W_{i,j}^{c*}(s) = W_{i,j}^{c}(s)$。

由于 $W_{i,j}(s) = W_{i,j}^{l*}(s) + W_{i,j}^{c*}(s)$，故定理 2.3 得证。

2.2.5.4　质量损益传递参数测算

定理 2.4：若工序 i 到工序 j 质量损益等价传递函数为 $W_{i,j}(s)$，则以节点 i 到节点 j 传递的质量损益参量 y 的一阶矩为

$$E(x_{i,j}) = \frac{\partial}{\partial s}\left[\frac{W_{i,j}(s)}{W_{i,j}(0)}\right]\bigg|_{s=0} = \frac{\partial}{\partial s}\left[\frac{W_{i,j}^{l}(s)}{W_{i,j}^{l}(0)}\right]\bigg|_{s=0} + \frac{\partial}{\partial s}\left[\frac{W_{i,j}^{c}(s)}{W_{i,j}^{c}(0)}\right]\bigg|_{s=0} \tag{2.77}$$

证明：由于 $M_{i,j}(s) = W_{i,j}^{l}(s)/p_{i,j} = W_{i,j}^{l}(s)/W_{i,j}^{l}(0)$，$N_{j,i}(s) = W_{i,j}^{c}(s)/q_{j,i} = W_{i,j}^{c}(s)/W_{i,j}^{c}(0)$，则节点 i 到节点 j 传递的质量损益参量 $x_{i,j}$ 的一阶矩，即质量损益的平均值可表示为

$$E(x_{i,j}) = \int_{-\infty}^{+\infty} x_{i,j}f(x_{i,j})\,\mathrm{d}x_{i,j} + \int_{-\infty}^{+\infty} x_{i,j}g(x_{i,j})\,\mathrm{d}x_{i,j}$$

$$= \frac{\partial}{\partial s}\left[\int_{-\infty}^{+\infty} \mathrm{e}^{sx_{i,j}}f(x_{i,j})\,\mathrm{d}x_{i,j}\right]\bigg|_{s=0} + \frac{\partial}{\partial s}\left[\int_{-\infty}^{+\infty} \mathrm{e}^{sx_{i,j}}g(x_{i,j})\,\mathrm{d}x_{i,j}\right]\bigg|_{s=0}$$

$$= \frac{\partial}{\partial s}\left[\frac{W_{i,j}^{\mathrm{l}}(s)}{W_{i,j}^{\mathrm{l}}(0)}\right]\Bigg|_{s=0} + \frac{\partial}{\partial s}\left[\frac{W_{i,j}^{\mathrm{c}}(s)}{W_{i,j}^{\mathrm{c}}(0)}\right]\Bigg|_{s=0} \tag{2.78}$$

定理 2.4 得证。

推论 2.1：若工序 i 到工序 j 质量损益等价传递函数为 $W_{i,j}(s)$，则以节点 i 到节点 j 传递的质量损益参量 y 的 n 阶矩为

$$E\left[(x_{i,j})^n\right] = \frac{\partial^n}{\partial s^n}\left[\frac{W_{i,j}(s)}{W_{i,j}(0)}\right]\Bigg|_{s=0} = \frac{\partial^n}{\partial s^n}\left[\frac{W_{i,j}^{\mathrm{l}}(s)}{W_{i,j}^{\mathrm{l}}(0)}\right]\Bigg|_{s=0} + \frac{\partial^n}{\partial s^n}\left[\frac{W_{i,j}^{\mathrm{c}}(s)}{W_{i,j}^{\mathrm{c}}(0)}\right]\Bigg|_{s=0} \tag{2.79}$$

定理 2.5：若工序 i 到工序 j 质量损益等价传递函数为 $W_{i,j}(s)$，则以节点 i 到节点 j 传递的质量损益参量 y 的质量损益波动方差为

$$V\left[y_{i,j}\right] = \frac{\partial^2}{\partial s^2}\left[\frac{W_{i,j}(s)}{W_{i,j}(0)}\right]\Bigg|_{s=0} - \left\{\frac{\partial}{\partial s}\left[\frac{W_{i,j}(s)}{W_{i,j}(0)}\right]\Bigg|_{s=0}\right\}^2 \tag{2.80}$$

证明：节点 i 到节点 j 传递的质量损益参量 $x_{i,j}$ 的二阶矩计算如下：

$$E(x_{i,j}^2) = \int_{-\infty}^{+\infty} x_{i,j}^2 f(x_{i,j})\mathrm{d}x_{i,j} + \int_{-\infty}^{+\infty} x_{i,j}^2 g(x_{i,j})\mathrm{d}x_{i,j}$$

$$= \int_{-\infty}^{+\infty} x_{i,j}^2 \mathrm{e}^{sx_{i,j}} f(x_{i,j})\mathrm{d}x_{i,j} + \int_{-\infty}^{+\infty} \mathrm{e}^{sx_{i,j}} x_{i,j}^2 g(x_{i,j})\mathrm{d}x_{i,j}$$

$$= \frac{\partial^2}{\partial s^2}\left[\int_{-\infty}^{+\infty} \mathrm{e}^{sx_{i,j}} f(x_{i,j})\mathrm{d}x_{i,j}\right]\Bigg|_{s=0} + \frac{\partial^2}{\partial s^2}\left[\int_{-\infty}^{+\infty} \mathrm{e}^{sx_{i,j}} g(x_{i,j})\mathrm{d}x_{i,j}\right]\Bigg|_{s=0}$$

$$= \frac{\partial^2}{\partial s^2}\left[\frac{W_{i,j}^{\mathrm{l}}(s)}{W_{i,j}^{\mathrm{l}}(0)}\right]\Bigg|_{s=0} + \frac{\partial^2}{\partial s^2}\left[\frac{W_{i,j}^{\mathrm{c}}(s)}{W_{i,j}^{\mathrm{c}}(0)}\right]\Bigg|_{s=0} = \frac{\partial^2}{\partial s^2}\left[\frac{W_{i,j}(s)}{W_{i,j}(0)}\right]\Bigg|_{s=0} \tag{2.81}$$

因此，节点 i 到节点 j 传递的质量损益参量 $x_{i,j}$ 的质量损益波动方差为

$$V[x_{i,j}] = E(x_{i,j}^2) - E(x_{i,j})^2 = \frac{\partial^2}{\partial s^2}\left[\frac{W_{i,j}(s)}{W_{i,j}(0)}\right]\Bigg|_{s=0} - \left\{\frac{\partial}{\partial s}\left[\frac{W_{i,j}(s)}{W_{i,j}(0)}\right]\Bigg|_{s=0}\right\}^2$$

定理 2.5 得证。

2.2.5.5 关键质量路线的识别与探测

本节选取质量指标 $\theta_{t_i \to t_n}$ 作为衡量路线 t 对工程（单元工程、分部工程、单位工程等）的质量影响程度指标，$\theta_{t_i \to t_n}$ 是路线 t 首工序 t_i 至尾工序 t_n 之间平均质量损益 $E(t_i \to t_n)$ 和波动方差 $V(t_i \to t_n)$ 的综合效用。$\theta_{t_i \to t_n}$ 由路线 t 对工程的质量损失影响程度指标 $\theta_{t_i \to t_n}^{\mathrm{l}}$ 及路线 t 对工程的质量补偿影响程度指标 $\theta_{t_i \to t_n}^{\mathrm{c}}$ 组成，其表达式为

$$\theta_{t_i \to t_n} = \theta_{t_i \to t_n}^{\mathrm{l}} + \theta_{t_i \to t_n}^{\mathrm{c}} \tag{2.82}$$

$\theta_{t_i \to t_n}$ 越大的路线对质量影响越大，其关键质量性越强。为了统一度量单位，设计路线关键质量指标形式如下：

$$\theta_t = \theta_{t_i \to t_n} = \alpha_l E_l(t_i \to t_n) + \beta_l \sqrt{V_l(t_i \to t_n)} + \alpha_c E_c(t_i \to t_n) + \beta_c \sqrt{V_c(t_i \to t_n)}$$

$$(2.83)$$

其中，α_l，β_l，α_c，$\beta_c > 0$，$\alpha_l + \beta_l = 1$，$\alpha_c + \beta_c = 1$。

2.2.5.6　关键质量工序的识别与探测

因工程质量损益是由施工网络中各工序的质量损益综合作用而成的，可根据网络中路线逆向推导法测算各工序对工程产生的质量损益。假设节点 $i \to j \to \cdots \to n$ 为依次连接工序，n 为工程的尾工序，则工序 i 对工程的关键质量指标 ω_i 为

$$\omega_i = \theta_{i \to n}^l - \sum_{v=1}^{d} p_{i,j_v} \theta_{j_v \to n}^l + \theta_{i \to n}^c - \sum_{v=1}^{d} q_{j_v,i} \theta_{j_v \to n}^c \qquad (2.84)$$

式中，d 为工序 i 与工序 j 之间的支路个数，工序 j 为工序 i 的紧后工序；$p_{i,j}$ 为工序 i 到工序 j 的质量损失传递概率；$q_{j,i}$ 为工序 j 对工序 i 的质量补偿传递概率。

证明：工序 i 到工序 n 的质量损失为

$$\theta_{i \to n}^l = \omega_i^l + \omega_j^l + \cdots + \omega_{n-1}^l + \omega_n^l = \omega_i^l + \sum_{v=1}^{d} p_{i,j_v} \theta_{j_v \to n}^l ,$$

故有 $\omega_i^l = \theta_{i \to n}^l - \sum_{v=1}^{d} p_{i,j_v} \theta_{j_v \to n}^l$，同理可证 $\omega_i^c = \theta_{i \to n}^c - \sum_{v=1}^{d} q_{j_v,i} \theta_{j_v \to n}^c$，因此

$$\omega_i = \theta_{i \to n}^l - \sum_{v=1}^{d} p_{i,j_v} \theta_{j_v \to n}^l + \theta_{i \to n}^c - \sum_{v=1}^{d} q_{j_v,i} \theta_{j_v \to n}^c 。$$

2.3　非对称信息下水电工程建设项目质量监控

2.3.1　问题的提出

2.3.1.1　分包商选择决策

工程总承包是目前国际上常用的一种工程交易模式。工程总承包商往往通过分包，将自己不具有市场竞争力的业务委托给其他更具有优势的分包商，从而弥补自身在技术、人力、设备、资金等方面的不足，为业主提供更好的服务。

选择分包商，就是选择合作的企业，良好的合作是双赢的基础。然而，总承包商在选择分包时同样存在较大的风险，如：①分包商资质不足，但却超过自身经营范围承揽工程任务；②挂靠，以其他企业的名义中标，而实际的管理能力和技术能力均难满足合同要求；③分包商再次分包，致使管理链条加长和利益多元化，使工程质量下降；④分包商欺诈，不讲诚信。低劣的分包商将导

致质量缺陷及质量事故，影响工程总目标的实现，而优秀的分包商是一个有较强技术能力和较好社会信誉的施工企业，能够以预算成本和质量要求在计划工期内完成任务。

水利水电工程分包商选择决策是指总承包商通过对工程市场进行调查，广泛收集企业信息，确定适合工程项目特点的分包商。影响分包商选择决策的影响因素较多，知识非常隐含[117]，而多数总承包企业通常采用的决策分析方法未能有效解决影响因素之间、影响因素与决策结果之间的复杂非线性关系[118]。BP 神经网络是基于误差反向传播算法的多层前馈型神经网络，具有很强的学习能力、抗故障性、并行性的优点，特别适合于解决分包商选择决策这种非线性很高的复杂系统[119,120]。鉴于此，本节根据水电工程的特点，从施工总承包商的视角，设计了水电工程分包商选择决策评价指标体系，为总承包商提供一种基于 BP 神经网络算法的水电工程分包商选择决策方法。

2.3.1.2 非对称信息下质量控制问题

工程项目质量控制的目的是使各项质量活动及结果达到质量要求，而质量保证金的扣留是一种有效的质量控制方法。保留金或质量保证金主要是用于承包商/分包商履行属于其自身责任的预留资金，为业主/总承包商有效监督承包商/分包商圆满完成缺陷修补工作提供资金保证。施工管理的相关法律文件[121,122]规定保留金或质量保证金的扣留总额为专用合同条款规定的数额，但扣留比例没有具体规定，这使得不同的工程项目或同一个项目中不同施工单位施工，其合同中质量保证金的扣留比例和扣留金额会存在差异，因此工程的质量水平也存在差异。大坝混凝土施工的一些分包项目一般投资较大，虽然质量保证金的扣留比例较小，但数额很大，因此总承包商可通过质量保证金的扣留比例对分包商进行有效的质量监控。

现有的非对称信息下的质量决策问题已经变成最优控制问题。本节借鉴相关研究方法，结合水利工程建设中大坝混凝土施工的特点，以工程质量控制水平为分包商的决策变量，质量监督水平及质量保证金扣留为总承包商的决策变量，构建总承包商与分包商的质量收益函数；用极大值原理推导非对称信息下总承包商的质量监督决策及质量保证金扣留策略的最优解，通过仿真计算，分析不同信息环境下的决策结果。

2.3.2 基于 BP 神经网络的水电工程分包商选择决策

2.3.2.1 水电工程建筑分包商选择评价指标体系

建立一个科学、合理的评价指标体系，是选择一个优秀施工分包商的前提。本节选择的指标体系不包括具体的工程项目指标，并且遵循科学性、规范性、完整性、独立性、灵活可操作性、可比性等原则。按照指标选取的原则，采取文献资料查阅、Delphi 专家法、承包商的现场调查等方法，并参考国外水电行业的成熟经验，结合我国的国情，建立了水电工程分包商选择评价指标体系，如图 2.39 所示。

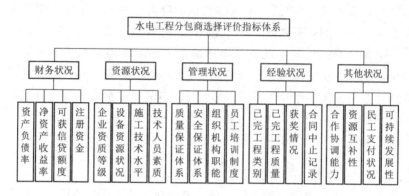

图 2.39　水电工程分包商选择评价指标体系

2.3.2.2　BP 神经网络应用的步骤

（1）确定评价指标体系，并建立如图 2.39 所示的分包商选择评价指标体系。

（2）收集样本数据，为使各指标具有可比性，对各指标分别进行归一化处理。

（3）设计 BP 神经网络结构。根据水电工程项目分包商选择评价指标的实际情况，本节采用一种具有多输入单元、多隐含层单元和单输出单元的三层 BP 神经网络。

（4）训练并检验 BP 神经网络。通过比较网络输出值和期望输出值的误差，逐层修改各层网络节点的权值和偏置值，当训练样本集总误差 E 小于允许误差 ε 时，训练结束。

（5）输入目标样本数据，计算目标函数值。

2.3.2.3　输入数据的标准化处理

设 i 表示训练样本集合的一个元素，且第 j 个基本指标的模糊数为 $Z_{i,j}$，假设其相应的隶属函数为均匀模糊分布，对各个指标来说，其模糊数的量纲不一致，需对其进行标准化处理。取第 j 个基本指标的最优值 $Z_{j,B}$ 及最劣值 $Z_{j,w}$，可通过下列公式将模糊数 $Z_{i,j}$ 标准化[123]：

（1）当 $Z_{j,\mathrm{B}} > Z_{j,\mathrm{w}}$，

$$S_{i,j} = \begin{cases} 1, & Z_{i,j} \geqslant Z_{j,\mathrm{B}} \\ [Z_{i,j} - Z_{i,\mathrm{w}}]/[Z_{j,\mathrm{B}} - Z_{j,\mathrm{w}}], & Z_{j,\mathrm{w}} < Z_{i,j} < Z_{j,\mathrm{B}} \\ 0, & Z_{i,j} \leqslant Z_{j,\mathrm{w}} \end{cases} \tag{2.85}$$

（2）当 $Z_{j,\mathrm{B}} < Z_{j,\mathrm{w}}$，

$$S_{i,j} = \begin{cases} 1, & Z_{i,j} \leqslant Z_{j,\mathrm{B}} \\ [Z_{i,j} - Z_{j,\mathrm{B}}]/[Z_{j,\mathrm{B}} - Z_{j,\mathrm{w}}], & Z_{j,\mathrm{B}} < Z_{i,j} < Z_{j,\mathrm{w}} \\ 0, & Z_{i,j} \geqslant Z_{j,\mathrm{w}} \end{cases} \tag{2.86}$$

2.3.2.4　BP 神经网络模型的设计

在建立了水电工程项目建设过程中分包商选择投标决策指标体系后，需要合理确定网络层数与各层的神经元数。

（1）输入层及输出层神经元个数的确定。根据建立的评价指标体系，将 20 个评价因素作为网络输入，故输入层单元数确定为 20。在进行输入节点输入时，先将指标进行标准化处理。输出节点对应于一个评价数值，因此选择一个输出节点。

（2）隐含层单元数和层数的确定。采用越多的隐含层，误差向后传播的过程计算就越复杂，局部最小误差也会增加，训练时间会急剧增加[124]，本章选择三层 BP 神经网络。隐含层的神经元个数由输入单元个数和输出单元个数决定，其计算公式为 $S^1 = (R + S^2)^{0.5} + a$，其中 R 为输入层神经元个数，S^1 为隐含层神经元个数，S^2 为输出层神经元个数，a 为 1～10 之间的常数。根据公式，本书选择隐含层神经元的个数为 8。

（3）传输函数的确定。对 BP 神经网络来说，网络的训练算法中要求传输函数必须可微，故传输函数的可微性尤其重要。本节中输入层和隐含层之间的传输函数采用 Sigmoid 函数 $f^1(n^1) = 1/(1 + \mathrm{e}^{-n^1})$，隐含层与输出层之间的传输函数采用 Sigmoid 函数 $f^2(n^2) = 1/(1 + \mathrm{e}^{-n^2})$。BP 神经网络结构如图 2.40 所示。

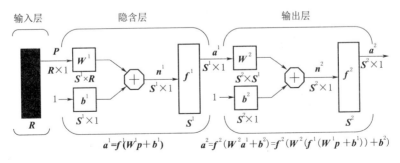

图 2.40　BP 神经网络结构图

2.3.2.5　BP 神经网络的学习过程

BP 神经网络的学习是由正向传播和反向传播两个过程组成的 BP 算法来实现的。由 2.2.2.4 小节可知，输入层节点数 $R=20$，隐含层神经元个数 $S^1=8$，输出层神经元个数 $S^2=1$。输入向量 $\boldsymbol{P}$ 为原始指标值经相应隶属函数量化后的评价向量，$\boldsymbol{a}^1$、$\boldsymbol{a}^2$ 分别为隐含层及输出层的输出向量，输入节点与隐含层神经元之间的网络权值矩阵为 $\boldsymbol{W}^1_{S^1 \times R}$，隐含层神经元与输出层神经元之间的网络权值矩阵为 $\boldsymbol{W}^2_{S^2 \times S^1}$，$\boldsymbol{b}^1_{S^1 \times 1}$、$\boldsymbol{b}^2_{S^2 \times 1}$ 分别为隐含层神经元及输出层神经元的偏置值，输入层和隐含层之间的传输函数用 Sigmoid 函数 $f^1(n^1)=1/(1+e^{-n^1})$，隐含层与输出层之间的传输函数用 Sigmoid 函数 $f^2(n^2)=1/(1+e^{-n^2})$。

（1）初始化。初始化连接的权值和偏置值，随机设置各层神经元的权值 $\boldsymbol{W}^{1i}$、$\boldsymbol{W}^{2i}$、$\boldsymbol{T}_i$，其中 i 为样本数。

（2）通过网络将输入向前传播。隐含层的输出：

$$a^{1i} = f^1(W^{1i}_{S^1 \times R} P^i_{R \times 1} + b^{1i}_{S^1 \times 1}) \tag{2.87}$$

输出层的输出：

$$a^{2i} = f^2(W^{2i}_{S^2 \times S^1} a^{1i} + b^{2i}_{S^2 \times 1}) = f^2(W^{2i}_{S^2 \times S^1} f^1(W^{1i}_{S^1 \times R} P^i_{R \times 1} + b^{1i}_{S^1 \times 1}) + b^{2i}_{S^2 \times 1}) \tag{2.88}$$

（3）通过网络将误差反向传播。在开始反向传播前，需要先求传输函数的导数，对第一层：

$$\frac{\partial f^1(n)}{\partial n} = \frac{d}{dn}\left(\frac{1}{1+e^{-n}}\right) = \frac{e^{-n}}{(1+e^{-n})^2} = \left(1 - \frac{1}{1+e^{-n}}\right)\left(\frac{1}{1+e^{-n}}\right) = (1-a^1)(a^1) \tag{2.89}$$

对第二层：

$$\frac{\partial f^2(n)}{\partial n} = \frac{d}{dn}\left(\frac{1}{1+e^{-n}}\right) = \frac{e^{-n}}{(1+e^{-n})^2} = \left(1 - \frac{1}{1+e^{-n}}\right)\left(\frac{1}{1+e^{-n}}\right) = (1-a^2)(a^2) \tag{2.90}$$

执行反向传播，起始点在第二层：

$$s^{2i} = -\dot{F}^2(n^2)(t_i - a^{2i}) \tag{2.91}$$

$$s^{1i} = \dot{F}^1(n^1)(W^{2i}_{S^2 \times S^1})^{\mathrm{T}} s^{2i} \tag{2.92}$$

$$\dot{F}^m(n^m) = \begin{bmatrix} \dot{f}^m(n_1{}^m) & 0 & \cdots & 0 \\ 0 & \dot{f}^m(n_2{}^m) & \cdots & 0 \\ \vdots & \vdots & \ddots & \\ 0 & 0 & \cdots & \dot{f}^m(n_s{}^m) \end{bmatrix} \tag{2.93}$$

式中：$m=1$，2。

（4）反向传播的动量改进算法（MOBP）更新权值和偏置值。

$$W^{mi}(k+1) = W^{mi}(k) + \gamma\Delta W^{mi}(k-1) - \alpha(1-\gamma)s^{mi}\left[a^{(m-1)i}\right]^{T} \quad (2.94)$$

$$b^{mi}(k+1) = b^{mi}(k) + \gamma\Delta b^{mi}(k-1) - \alpha(1-\gamma)s^{mi} \quad (2.95)$$

式中：动量系数 $\gamma=0.8$，学习速度 $\alpha=0.2$。

（5）重复以上步骤，直到网络响应和目标函数之差达到某一可接受的水平。BP网络学习的目标函数为

$$E = \frac{1}{N}\sum_{i=1}^{N}(t_i - a^{2i})^2 \quad (2.96)$$

式中：N 为训练样本数量；t_i 为网络的期望输出；a^{2i} 为网络的实际输出；$E_0 = 10^{-4}$。

2.3.2.6　BP神经网络模型的训练及检验

对葛洲坝集团已选取的 7 个水电工程分包商进行评价，其中 5 个水电工程分包商（A～E）指标评价值作为神经网络训练样本的输入，3 个分包商（F～G）指标评价值作为神经网络检测样本的输入，水电工程分包商评价值见表 2.4。运用 Matlab 对前面建立的神经网络模型进行学习训练，通过训练 9863 次后，总体误差满足要求，此时 E（误差）=0.00007213，神经网络模型输出结果见表 2.5。

表 2.4　　　　　　　　　　水电工程分包商评价值

基本指标		资产负债率	净资产收益率	可获信贷额度	注册资金	设备资源状况	施工技术水平	技术人员素质	企业资质等级	质量保证体系	安全保证体系	组织机构职能	员工培训制度	已完工程类别	已完工程质量	获奖情况	合同中止记录	合作协调能力	资源互补性	民工支付状况	可持续发展性
最优值		0	45	50	100	60	80	20	100	100	100	100	100	70	100	80	0	30	50	50	100
最劣值		40	0	0	0	0	20	0	0	0	0	30	0	0	0	0	40	0	0	0	0
训练样本	A	12	25	45	70	55	60	18	100	90	90	76	75	65	90	75	5	26	38	50	78
	B	18	15	32	70	45	50	15	90	85	70	65	60	70	70	55	12	23	30	45	70
	C	10	28	45	80	58	70	18	100	90	90	80	78	70	90	78	0	28	40	50	80
	D	15	20	40	80	50	65	16	100	85	80	70	68	65	85	50	7	25	35	45	75
	E	20	20	35	80	50	65	17		67	65	60	80	60			10	25	33	45	75
检测样本	F	15	26	43	67	55	54	17	100	90	88	75	73	65	88	70	6	22	40	50	75
	G	18	22	33	75	48	50	14	100	85	80	65	69	70	80	65	10	25	35	50	70
	H	16	25	41	80	53	67	17	100	87	80	72	70	66	88	65	5	20	30	45	75

表 2.5　　　　　　　　　　　神经网络模型输出结果

项目编号	A	B	C	D	E	F	G	H
专家评价	0.5614	0.4408	0.6123	0.5418	0.4536	0.5527	0.4518	0.4951
实际输出	0.5609	0.4621	0.6216	0.5213	0.4311	0.5484	0.4432	0.5092

注　指标值越大，工程投标风险越小。投标风险可分为小、较小、一般、较大、大 5 个等级，其对应量化的指数值为（0.9、0.7、0.5、0.3、0.1）。

训练完毕后，开始进行神经网络的检测，检测样本的输入及输出分别见表 2.4 和表 2.5。检测样本网络输出与专家评价结果相符合，误差为 $E = 0.00000873$。这样，可以用已经训练成功的模型对拟选择分包商进行综合评价，以作为决策者的决策依据。

2.3.2.7　工程实例试算

某总承包商利用上述方法拟对 R、S、T 三个水电工程分包商企业进行选择决策。

首先，在总承包商企业内选择与决策有关的 9 名专家组成专家组，这些专家在分包商选择决策所涉及的某些方面具有丰富的经验。通过专家的讨论分析，依照如图 2.39 所示的分包商选择评价指标体系，分别确定分包商各指标的评价值，拟选择分包商评价值见表 2.6。

表 2.6　　　　　　　　　　　拟选择分包商评价值

基本指标		资产负债率	净资产收益率	可获信贷额度	注册资金	设备资源状况	施工技术水平	技术人员素质	企业资质等级	质量保证体系	安全保证体系	组织机构职能	员工培训制度	已完工程类别	已完工程质量	获奖情况	合同中止记录	合作协调能力	资源互补性	民工支付状况	可持续发展性
最优值		0	45	50	100	60	80	20	100	100	100	100	100	70	100	80	0	30	50	50	100
最劣值		40	0	0	0	0	20	0	0	0	0	0	0	0	0	0	40	0	0	0	0
拟选择分包商	R	20	20	28	65	45	45	13	80	80	70	64	59	58	70	55	15	20	27	44	68
	S	15	22	42	80	48	63	15	100	85	80	75	74	64	86	55	6	23	38	45	78
	T	9	35	45	85	58	80	18	100	92	92	85	83	70	90	78	0	28	44	50	84

其次将 R、S、T 三个项目的各指标评价值进行标准化处理后输入到已经训练好的神经网络分包商选择决策模型中进行计算，得到三个项目的最终指标评价值为 $R = 0.3901$、$S = 0.5527$、$T = 0.6564$。由评价结果可知，分包商 T 的施工风险较小，可对其进行选择。

2.3.3 非对称信息下水电工程建设项目质量监控

2.3.3.1 总承包商及分包商的质量收益模型

假设 2.8：组成大坝混凝土施工供应链系统的总承包商及分包商均为风险中性的。

假设 2.9：分包商返工（或维修）后的工程质量收益和没有缺陷的工程质量收益是相同的。

分包商选择工程质量控制水平完成建设项目的施工，总承包商选择一定的工程质量监督水平及质量保证金的扣留比例对分包商的施工质量进行监督。总承包商若发现工程质量存在缺陷，则要求承包商返工（或维修），以保证施工质量。总承包商从工程质量中获得的收益函数及分包商的质量收益函数分别为

$$E_a = A_1[I_b + (1 - I_b)I_a] + A_2(1 - I_a)(1 - I_b)$$
$$- [I_b + (1 - I_a)(1 - I_b)]N + mS(I_b) - B_a(I_a) - V \quad (2.97)$$

$$E_b = V + [I_b + (1 - I_a)(1 - I_b)]N - mS(I_b) - B_b(I_b)$$
$$- (1 - I_b)I_a[P - B_b(I_b)] \quad (2.98)$$

式中：E_a、E_b 分别为总承包商及分包商的质量收益；A_1、A_2 分别为分包商施工质量没有缺陷及有缺陷时总承包商的质量收益；I_a 为总承包商对分包商的质量监督水平，即总承包商监督分包商过程中发现分包商施工质量缺陷的概率；I_b 为分包商的质量控制水平，即分包商施工质量好的概率；N 为施工质量合格时总承包商支付给分包商的奖励；m 为质量保证金扣留系数，令 $m = 1 - (I_b^H + I_b^L)/2$，$I_b^H$、$I_b^L$ 分别为 I_b 的上限和下限；$S(I_b)$ 为分包商的质量保证金；$B_a(I_a)$、$B_b(I_b)$ 分别为总承包商的质量监督成本及分包商在质量控制水平 I_b 下的施工成本，假定 $B_a'(\cdot) \geqslant 0$，$B_a''(\cdot) \geqslant 0$，$B_b'(\cdot) \geqslant 0$，$B_b''(\cdot) \geqslant 0$；V 为总承包商支付给分包商的合同总价；P 为分包商施工质量合格时的成本，$P - B_b(I_b)$ 为分包商被总承包商发现施工质量缺陷时返工或维修的成本。分包商在对称信息下的质量控制水平 I_b 是可以观测的，分包商在非对称信息下的质量控制水平 I_b 是隐匿信息，总承包商可以根据分包商的能力、信誉等已有信息估计分包商的质量控制水平[100]。

2.3.3.2 对称信息下的质量监督及质量保证金扣留策略

总承包商在对称信息下可以观测到分包商的质量控制水平 I_b，则总承包商的质量监督决策问题是一个最优化问题，即

$$\max_{I_a} E_a = E(I_a) \quad (2.99)$$

分包商的参与约束为

$$E_b = V + [I_b + (1-I_a)(1-I_b)]N - mS(I_b) - B_b(I_b)$$
$$- (1-I_b)I_a[P - B_b(I_b)] = M \qquad (2.100)$$

式中：M 为正常数。

由式（2.100）得

$$mS(I_b) = V + [I_b + (1-I_a)(1-I_b)]N - B_b(I_b)$$
$$- (1-I_b)I_a[P - B_b(I_b)] - M \qquad (2.101)$$

将式（2.101）代入式（2.99）并对 I_a 求一阶偏导数，使之为 0，得

$$B'_a(I_a) = [(A_1 - A_2) - (P - B_b(I_b))](1 - I_b) \qquad (2.102)$$

分包商质量缺陷给总承包商带来的损失大于分包商的返工费用，故 $(A_1 - A_2) - [P - B_b(I_b)] \geqslant 0$，式（2.99）对 I_a 的二阶导数 $\dfrac{\mathrm{d}^2 E_a}{\mathrm{d} I_a^2} = - B''_a(I_a) < 0$，故式（2.99）存在极大值，此时总承包商的质量监督决策满足式（2.102）的 I_a^*，质量保证金的扣留满足式（2.104）的 S^*。

$$S(I_b) = \frac{1}{m}\{V + [I_b + (1-I_a^*)(1-I_b)]N - B_b(I_b)$$
$$- (1-I_b)I_a^*[P - B_b(I_b)] - M\} \qquad (2.103)$$

$$S^* = \begin{cases} S^H & S^H \leqslant S(I_b) \\ S(I_b) & S^L < S(I_b) < S^H \\ S^L & S(I_b) \leqslant S^L \end{cases} \qquad (2.104)$$

式中：S^H、S^L 分别为 S 的上限和下限。

2.3.3.3　非对称信息下的质量监督及质量保证金的扣留策略

分包商在非对称信息下的质量控制参数对总承包商是隐匿信息，总承包商和分包商之间的问题转化为最优控制问题。总承包商选择一定的质量监督 I_a 使目标函数（2.99）在期望条件下，其收益最大，即

$$\max_{I_a(I_b)} \int_{I_b^L}^{I_b^H} E_a f(I_b)\mathrm{d}I_b \qquad (2.105)$$

假设分包商的施工质量控制水平 $I_b \in [I_b^L, I_b^H]$，且 I_b 服从概率密度为 $f(I_b)$ 的概率分布。总承包商在不对称信息下作为博弈的主导者，虽然在整个博弈中具有先走一步的优势，但受激励相容约束的制约，即

$$I_b \in \mathrm{argmax} V + [I_b + (1-I_a)(1-I_b)]N - mS(I_b) - B_b(I_b) - (1-I_b)I_a[P - B_b(I_b)]$$
$$(2.106)$$

式（2.105）对 I_b 的一阶条件为

$$\frac{\mathrm{d}S(I_b)}{\mathrm{d}I_b} = \frac{1}{m}\{I_a N - B'_b(I_b) + I_a[P - B_b(I_b)] + (1-I_b)I_a B'_b(I_b)\}$$
$$(2.107)$$

将非对称信息下建设供应链的质量控制问题看作是以收益函数期望式（2.105）为目标函数，以 $S(I_b)$ 关于分包商质量控制水平 I_b 的一阶条件式（2.107）为状态方程的最优控制问题。其中 I_a 为控制变量，运用极大值原理求解经典控制问题，建立问题的哈密顿函数，即

$$H = E_a f(I_b) + \lambda \{ I_a N - B'_b(I_b) + I_a [P - B_b(I_b)] + (1 - I_b) I_a B'_b(I_b) \} / m$$

$$(2.108)$$

式中：λ 为协态变量。

其控制方程为

$$\frac{\partial H}{\partial I_a} = \{ [(A_1 - A_2) - (P - B_b(I_b))](1 - I_b) - B'_a(I_a) \} f(I_b)$$

$$+ \frac{\lambda}{m} [N + P - B_b(I_b)] + \frac{\lambda}{m} (1 - I_b) B'_b(I_b) = 0 \quad (2.109)$$

协态方程为

$$\frac{\mathrm{d}\lambda}{\mathrm{d}I_b} = -\frac{\partial H}{\partial S} = -mf(I_b) \quad (2.110)$$

由式（2.110）得

$$\lambda = -mF(I_b) + c \quad (2.111)$$

式中：$F(I_b)$ 为分包商质量控制水平 I_b 的概率分布函数；c 为常数。

因为 $\dfrac{\partial^2 H}{\partial I_b^2} = -B''_a(I_a) f(I_b) < 0$，所以最优控制问题存在极大值，联立式（2.109）、式（2.111）得

$$B'_a(I_a) = [(A_1 - A_2) - (P - B_b(I_b))](1 - I_b) + \frac{c - mF(I_b)}{mf(I_b)} [N + P - B_b(I_b)]$$

$$+ \frac{c - mF(I_b)}{mf(I_b)} [(1 - I_b) B'_b(P_b)] \quad (2.112)$$

非对称信息下总承包商的质量监督水平对策解 I_a^{**} 是满足式（2.112）的解。由式（2.112）可得 I_a 关于 I_b 的关系式 $I_a(I_b)$，将 $I_a(I_b)$ 代入式（2.107），得质量保证金扣留对策。

$$S(I_b)^* = \frac{1}{m} \int \{ I_a(I_b) N - B_b'(I_b) + I_a(I_b)[P - B_b(I_b)]$$

$$+ (1 - I_b) I_a(I_b) B_b'(I_b) \} \mathrm{d}I_b + n \quad (2.113)$$

式中：n 为常数。

非对称信息下质量保证金扣留对策解 S^{**} 是满足式（2.114）的解。

$$S^{**} = \begin{cases} S^H & S^H \leqslant S(I_b)^* \\ S(I_b)^* & S^L < S(I_b)^* < S^H \\ S^L & S(I_b)^* \leqslant S^L \end{cases} \quad (2.114)$$

2.3.3.4　决策结果分析与仿真计算

（1）决策结果分析。若总承包商的质量监督成本函数与分包商的质量控制成本函数分别为 $B_a(I_a)=1/2k_a I_a^2$，$B_b(I_b)=1/2k_b I_b^2$，其中 k_a、k_b 为常数[125]。由式（2.102）得出在对称信息条件下总承包商质量监督水平 I_a^* 为

$$I_a^* = \frac{\left[(A_1-A_2)-(P-B_b(I_b))\right](1-I_b)}{k_a} \tag{2.115}$$

由式（2.103）、式（2.104）和式（2.115）得出在信息对称条件下质量保证金的扣留 S^* 为

$$S^* = \begin{cases} S^H & S^H \leqslant S(I_b) \\ S(I_b) & S^L < S(I_b) < S^H \\ S^L & S(I_b) \leqslant S^L \end{cases} \tag{2.116}$$

式中：$S(I_b)=\dfrac{1}{m}\{V+N-B_b(I_b)-M-\dfrac{\left[(A_1-A_2)-(P-B_b(I_b))\right](1-I_b)^2}{k_a}[N$
$+P-B_b(I_b)]\}$

由式（2.112）得出非对称信息条件下总承包商的质量监督水平 I_a^{**} 为

$$I_a^{**} = \frac{\left[(A_1-A_2)-(P-B_b(I_b))\right]}{k_a}(1-I_b)+\frac{c-mF(I_b)}{k_a mf(I_b)}[N+P-B_b(I_b)]$$
$$+\frac{c-mF(I_b)}{k_a mf(I_b)}[(1-I_b)B'_b(P_b)] \tag{2.117}$$

总承包商认为质量合格即 $I_b=1$ 时就没必要监督分包商，因此

$$I_a^{**}(1)=0 \tag{2.118}$$

由式（2.117）和式（2.118）得

$$c=mF(1) \tag{2.119}$$

由式（2.117）和式（2.119）得

$$I_a^{**} = \frac{F(1)-F(I_b)}{k_a f(I_b)}[N+P-B_b(I_b)]+\frac{F(1)-F(I_b)}{k_a f(I_b)}[(1-I_b)B'_b(P_b)]$$
$$+\frac{\left[(A_1-A_2)-(P-B_b(I_b))\right]}{k_a}(1-I_b) \tag{2.120}$$

假设 I_b 在区间 $[I_b^L，I_b^H]$ 上服从均匀分布，则 $f(I_b)=1/(I_b^H-I_b^L)$，$F(I_b)=(I_b-I_b^L)/(I_b^H-I_b^L)$，由式（2.113）、式（2.114）和式（2.120）得出在非对称信息条件下质量保证金的扣留 S^{**} 为

$$S^{**} = \begin{cases} S^H & S^H \leqslant S(I_b)^* \\ S(I_b)^* & S^L < S(I_b)^* < S^H \\ S^L & S(I_b)^* \leqslant S^L \end{cases} \tag{2.121}$$

$$S\binom{I}{b}^{*} = \frac{1}{m}\{-\frac{k_b^2}{4k_a}I_b^6 + \frac{k_b^2}{20k_a}(7+9I_b^H)I_b^5 + \frac{k_b}{8k_a}[5(N+P)+3(A_1-A_2-P)$$

$$-3I_b^H k_b - (1+3I_b^H)k_b]I_b^4 + \frac{k_b}{6k_a}[-(3I_b^H+3)(N+P)-5(A_1-A_2-P)$$

$$-3I_b^H(N+P)+2I_b^H k_b]I_b^3 + \frac{1}{2k_a}[(N+P)(I_b^H k_b - N - P - A_1 + A_2 + P)$$

$$+(A_1-A_2-P+I_b^H N + I_b^H P - k_a)k_b]I_b^2$$

$$+\frac{N+P}{k_a}(A_1-A_2-P+I_b^H N + I_b^H P)I_b\} + n \tag{2.122}$$

假设当 $I_b = (I_b^L + I_b^H)/2$ 时，$S^{**} = (S^L + S^H)/2$，可得 n 值。

（2）仿真计算。令 $A_1 = 32000$，$A_2 = 25000$，$P = 6000$，$k_b = 12000$，$k_a = 4000$，$N = 500$，$V = 10000$，$M = 6500$，$S \in [2\% V, 10\% V] = [200, 1000]$，分包商的质量控制水平 $I_b \in [0.6, 0.9]$，且服从均匀分布函数，$f(I_b) = 3.33$，由式（2.115）、式（2.116）、式（2.120）和式（2.121）可以解得

$$I_a^* = \frac{(1000+6000I_b^2)(1-I_b)}{4000} \tag{2.123}$$

$$S(I_b) = \frac{1}{0.25}\left[4000 - 6000I_b^2 - \frac{(1000+6000I_b^2)(1-I_b)^2}{4000}(6500-6000I_b^2)\right] \tag{2.124}$$

$$I_a^{**} = \frac{(1000+6000I_b^2)(1-I_b)}{4000} + \frac{0.9-I_b}{4000}(6500-6000I_b^2)$$

$$+12000\frac{0.9-I_b}{4000}[(1-I_b)I_b] \tag{2.125}$$

$$S\binom{I}{b}^{*} = \frac{1}{0.25}(-9000I_b^6 + 27180I_b^5 - 15487.5I_b^4 - 19000I_b^3$$

$$+6956.3I_b^2 + 11131.3I_b) - 16174 \tag{2.126}$$

对称信息环境下质量监督策略及质量保证金扣留策略如图2.41所示，非对称信息环境下质量监督策略及质量保证金扣留策略如图2.42所示，对称信息环境下总承包商与分包商的质量收益如图2.43所示，非对称信息环境下总承包商与分包商的质量收益如图2.44所示，总承包商与分包商质量总收益如图2.45所示。

2.3.3.5 结论

（1）总承包商在非对称信息环境下的质量监督水平高于对称信息环境下的质量监督水平，因此总承包商在非对称信息环境下为保证工程建设质量，需要有较高的质量监督水平。

（2）不同信息环境下，总承包商的质量监督水平与分包商的质量控制水

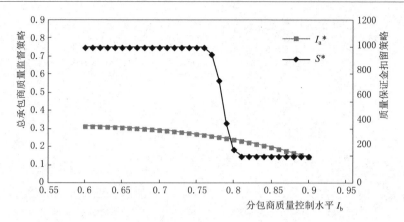

图 2.41 对称信息环境下质量监督策略及质量保证金扣留策略

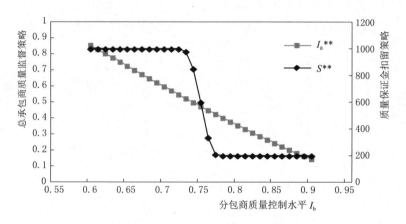

图 2.42 非对称信息环境下质量监督策略及质量保证金扣留策略

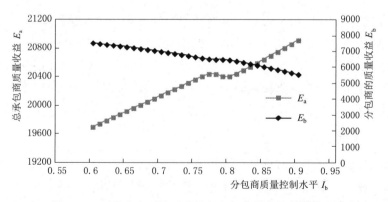

图 2.43 对称信息环境下总承包商与分包商的质量收益

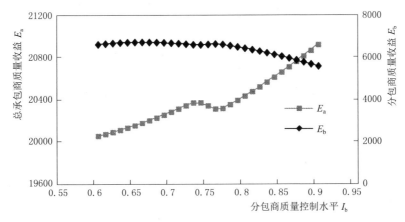

图 2.44　非对称信息环境下总承包商与分包商的质量收益

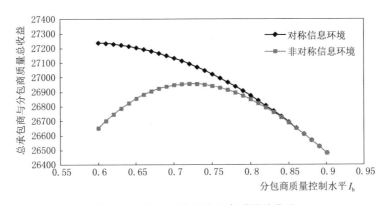

图 2.45　总承包商与分包商质量总收益

平呈递减关系，且总承包商在非对称信息环境下的质量监督水平随分包商质量控制水平的变化幅度较对称信息环境下大，因此在非对称信息下，总承包商应及时分析分包商的质量控制水平的变化情况并相应调整其质量监督水平。

（3）不同信息环境下，分包商质量控制水平下限附近质量保证金的扣留取上限值，质量控制水平上限附近质量保证金的扣留取下限值，质量控制水平中间区域质量保证金的扣留与质量控制水平是递减关系。由于在分包商质量控制水平中间区域某一较小区间上，质量保证金的扣留与质量控制水平是递减关系且变化幅度较大，因此总承包商要在这个区间上作重点分析，选择合适的质量保证金扣留比例。

（4）不同信息环境下，总承包商的质量收益随着分包商质量控制水平的提高而增加，分包商的质量收益随着分包商质量控制水平的提高而减小。当分包商的质量控制水平提高时，总承包商的质量监督水平就降低，并减小了质量保证金的扣留金额，但分包商的质量收益并没有提高。这说明分包商提高质量控制水平所带来的质量收益小于由于总承包商降低监督水平及减少质量保证金所给分包商带来的质量收益，而总承包商可通过分包商提高质量控制水平增加其质量收益。为了克服这种矛盾，达到双方共赢，可通过总承包商与分包商的总收益最大寻求双方博弈的平衡点。

2.4　本章小结

本章将工序交接形成的链或网作为研究对象，在接力技术及行动者网络理论基础上，提出了接力链的概念。将接力链应用于施工质量控制中，形成了接力链无缝交接技术、接力链网络技术和接力链螺旋循环技术。针对工程实际操作中因不重视工序衔接环节从而破坏了生产的均衡性致使工程质量下降的问题，在接力链的基础上，提出了接力链无缝交接技术，研究了不同情况下接力链无缝交接过程、工序接力流程及均衡速度的求解方法。为了反映及量化平行工序间的相互协作、交叉施工及资源的调配过程，结合网络计划技术及接力链无缝交接技术的优势，提出了接力链网络技术。针对传统的 PDCA 循环存在着缺乏创造性、缺乏沟通与协作、缺乏知识共享、缺乏潜在知识挖掘及受全面质量管理中"顾客是上帝"思想的局限等问题，基于接力链、接力链无缝交接技术及已有 PDCA 循环理论，提出了接力链螺旋循环技术，研究了其运行原理、操作步骤、操作流程及其运行特点。

针对田口质量损失函数无法描述生产实践中存在的质量补偿效果，在赋予了泰勒级数展开式中常数项的物理意义——质量补偿的基础上，提出了质量损益函数的概念，并推广提出了倒正态、倒伽玛、分段型及多元质量损益函数模型。研究了质量损益函数在工程实践中的三个应用：质量损益过程均值设计、大坝混凝土施工质量特性容差优化及关键质量源的探测和诊断。在质量损益过程均值设计中，分别研究了二次非对称补偿量恒定及二次非对称双曲正切补偿情况下质量损益过程均值设计方法。在大坝混凝土施工质量特性容差优化中，结合结构方程理论，提出了一类高阶因子模型测算大坝混凝土施工各质量特性对工程质量的质量载荷，并构建了大坝混凝土施工质量容差优化模型。在关键质量源的探测和诊断中，构建了质量损益传递 GERT 网络模型，研究了探测及诊断施工网络中关键质量路线和关键质量工序的算法。

提出了水电工程分包商选择决策评价指标体系，为总承包商提供了一种基于 BP 神经网络算法的分包商选择决策方法。研究了总承包商在不同信息环境下对分包商的质量监督决策及质量保证金扣留策略。以质量控制水平为分包商的决策变量，质量监督水平和质量保证金扣留为总承包商的决策变量，建立了质量收益模型，运用极大值原理推导了总承包在非对称信息下的质量监督决策及质量保证金扣留策略的最优解。通过仿真计算，分析了不同信息环境下总承包的质量监督水平及质量保证金扣留与分包商质量控制水平之间的关系。

第3章 大坝混凝土生产及施工工艺的改进

3.1 大坝混凝土生产质量控制

3.1.1 问题的提出

混凝土生产是决定混凝土质量的前提因素，大坝混凝土质量问题许多是由混凝土生产环节引起的。混凝土生产包括原材料准备及拌和生产两个方面，这两个方面的任何一方面降低质量要求都将导致强度等级及其他力学指标的降低，容易造成质量缺陷或事故，影响大坝质量。施工企业在三峡工程一期、二期大坝混凝土施工实践的基础上，从混凝土生产全过程每一个环节精细研究，持续改进，总结和创造了一套特有的大坝混凝土生产质量控制方法和措施，经过三期工程的全面应用，取得了令人满意的效果，工程质量优良，创造了混凝土大坝无裂缝的施工奇迹。本节结合三峡工程实际，总结提炼了大坝混凝土生产质量控制的方法、措施及技术创新。

3.1.2 原材料质量控制

3.1.2.1 水泥、粉煤灰质量控制

水泥、粉煤灰及外加剂、砂石骨料等各种原材料是大坝的"粮食"，其质量的优劣直接决定着大坝混凝土施工的质量。大坝混凝土采用初期强度高、初凝期长、低发热量、低含碱量、塑性性能好的特制大坝水泥[126]。混凝土中掺粉煤灰，可降低水化热、节省水泥、抑制碱骨料反应、改善和提高混凝土的性能。如三峡三期工程施工中掺用Ⅰ级粉煤灰，以更好地降低混凝土用水量及提高混凝土的和易性，从而解决四级配混凝土用水量过高带来的不利影响，改善了胶带输送机转接及下料时容易出现的堵料现象。水泥、粉煤灰的质量控制措施主要有：

（1）优选供应厂商。招标前组织专家对水泥、粉煤灰厂家进行实地考察，从原材料品质、成品质量状况、设备生产供应能力、生产规模、试验条件、管理水平等方面进行全面分析，在判断电厂是否具备Ⅰ级粉煤灰条件时，还要看机组大小、燃煤与机组的匹配性、锅炉的高度与容积、炉温、电

收尘的级数及运行状况等，从而掌握第一手资料，保证招标所选厂家的合理性[127]。

（2）选择多个中标人。大坝混凝土中水泥温控标准较严，供应过程中不免出现个别厂某批次水泥敏感性指标不达标的现象，此时需暂停该厂供应并启动后备厂顶替供应；此外，若仅有1家水泥供应商，在工程建设突现局部高峰急需原材料时，其生产物流组织将承受巨大压力，甚至有中断供应的风险。粉煤灰的供应量和质量受制于煤源、发电量、锅炉的运行状况、发电负荷、电厂管理水平等多种因素；此外，粉煤灰供应商实际月平均生产能力有时达不到承诺的供应能力，若以供应商承诺的供应能力来安排生产计划，有可能会造成供应紧张的严重局面[128]。因此，水泥至少选择2家供应商、粉煤灰至少选择3~4家供应商为中标单位，以为水泥及粉煤灰的正常供应提供保障。例如三峡三期工程水泥由葛洲坝厂、华新厂和石门厂三家供应，粉煤灰由山东邹县电厂、湖北襄樊电厂和武汉阳逻电厂供应。

（3）强化厂家质量意识。粉煤灰是火力发电厂的副产品，其产生的经济效益往往不被大型电厂所重视，而粉煤灰质量对水工混凝土的意义重大，故厂家要强化产品质量意识，将粉煤灰看作是本厂的正式产品，从战略上关心粉煤灰的质量。在三峡三期工程施工中，业主设备物资部门和科研、设计单位专家多次到中标厂家与有关人员座谈，反复详细说明粉煤灰在三峡工程混凝土中的重要作用，使厂家认识到发电的全过程就是粉煤灰生产的全过程，控制粉煤灰质量责任重大。

（4）严格的质量检测。业主委托或组建质检部门对进入施工现场前的水泥、粉煤灰进行严格的质量检测；组织专家不定期赴厂家检查质量控制系统的运行情况，帮助解决质量控制中的难题；定期组织现场试验中心及各供应厂家实验室参加的水泥、粉煤灰检测对比活动，统一试验方法，提高检测水平，减少质量争议。例如，业主委托国家水泥质量检测监督中心（以下简称"中心"）对三峡工程水泥质量进行驻厂检测[129]。

1）"中心"驻厂检测监督人员对工厂出磨和出厂水泥的敏感性指标（MgO、K_2O、Na_2O）以及 SO_3 进行检测，出厂水泥的每个编号样品进行检测，出磨水泥按每日每台磨的平均样进行检测。所有检测结果，按月向中心汇报，并由中心汇总，报业主设备物资部。当发现检测结果波动较大，中心驻厂人员会同驻厂监理一起向厂方提出，监督厂方查找原因，及时采取措施和进行调整改进，起到预警作用，保证出厂水泥质量符合国家标准和三峡工程质量标准的要求。2005年1—10月期间，检测中热水泥总样品数量为：葛洲坝厂291个、华新厂363个及石门厂404个。经检测统计，三厂出厂的中热水泥的敏感性指标及 SO_3 全部符合三峡工程质量标准的要求。2005年1—10月期间中心驻厂人员对出厂中热水泥检测结果统计表见表 3.1。

表 3.1　　　　　　　2005 年 1—10 月期间中心驻厂人员对出厂中热水泥
检测结果统计表

数据类型	葛洲坝厂			华新厂			石门厂		
	MgO	K₂O	SO₃	MgO	K₂O	SO₃	MgO	K₂O	SO₃
平均值/%	4.08	0.40	1.80	4.33	0.39	1.68	4.38	0.44	1.89
标准偏差/%	0.16	0.03	0.10	0.09	0.02	0.10	0.14	0.02	0.07

　　注　指标 MgO 3.5%～5.0%，$K_2O \leqslant 0.55\%$，SO₃ 1.4%～2.2%。

　　2）中心驻厂人员协同驻场监理，每月分别对三个厂家的出厂水泥抽取 1～4 个出厂编号的样品（平均样或瞬间样），寄送中心总部进行全套性能和成分检验。检测结果每月由中心汇总，报业主设备物资部。2005 年 1—10 月期间抽检中热水泥数量：葛洲坝厂 17 个样品，华新厂 16 个样品，石门厂 25 个样品，检验结果全部符合国家标准 GB 200—2003 和三峡工程质量标准要求。

　　3）为使三期工程各有关单位实验室对中热水泥的质量检验结果更具有可靠性及准确性，每年组织两次有关单位实验室对中热水泥各项品质指标的比对检验。这些单位包括定点供应水泥厂和三峡工地施工单位的几个实验室。根据评选办法对各单位报来的检验结果进行评比，分别评出优秀、良好和合格单位。此项工作的开展，大大促进了各实验室检验水平的提高，保证了检验结果的一致性，从而进一步保证了三期工程所用水泥的质量。

　　业主委托的驻厂监理每日对生产工艺过程各质量控制点进行巡视检查，当发现生产工艺中可能影响水泥质量的问题时，及时与厂方有关人员商讨，提出意见和建议，使生产中存在的问题及时得到解决；同时，驻厂监理还向厂方提出提高中热水泥质量和稳定质量的有效工艺措施，如要求厂方稳定熟料成分，增加熟料和水泥的库存量，提高水化热和强度测试结果的准确性等意见，使厂方及时加强水泥工艺控制，并找出强度测试结果偏高和水化热测试结果偏低的原因，从而提高水泥质量的稳定性。

　　（5）供应商建立质量保证系统。供应商必须建立完善的水泥/粉煤灰质量保证系统，建立能够切实完成水泥/粉煤灰质量检测任务的实验室，水泥/粉煤灰必须经实验室质检合格后方可出厂。三峡工程对于许多电厂来说，如此大规模地生产和销售Ⅰ级粉煤灰是从未有过的，也未做过全面的质量控制，有些厂家甚至不知如何起步。因此，在要求供灰厂家必须建立能够切实担负粉煤灰全面质量检测任务的实验室的同时，还给予技术上的支持和指导，请厂家的试验人员到长江科学院三峡工程粉煤灰质量检测站或业主试验中心接受培训，而且各实验室的试验设备和操作力求一致，以减少各实验室之间的实验误差。

（6）散装物料集装箱运输。三峡工程是我国第一个使用散装物料集装箱的水利水电工程。该运输方式可实现生产厂家与拌和系统散装水泥/粉煤灰的门对门运输，保证装卸和输送迅速、零损耗，有利于保护环境[130]。散装物料集装箱密封性较好，可在运输和储存过程中防潮，将粉煤灰的含水量控制在0.5％以下，满足规范要求。

（7）制定严格的技术指标。三峡工程水泥和粉煤灰的技术指标均严于国内外同类工程。水泥除要求熟料碱含量不得超过0.5％（国家标准为熟料碱含量不大于0.8％）外，还增加水泥碱含量不得超过0.6％；为补偿混凝土的收缩，特别规定了MgO含量的下限为3.5％。粉煤灰采用Ⅰ级灰，掺量一般为20％～40％，尽可能采用Ⅰ级优质灰[131]，三峡三期工程混凝土掺用粉煤灰技术要求见表3.2。

表 3.2　　　　　　　三峡三期工程混凝土掺用粉煤灰技术要求　　　　　　　　　　　　％

等　　级	细度 （45μm 筛筛余）	需水量比	烧失量	含水量	三氧化硫	碱含量
Ⅰ级粉煤灰	≤12	≤95	≤5.0	≤1.0	≤3.0	≤1.5
其中：优质灰	≤12	≤91	≤5.0	≤1.0	≤3.0	≤1.5

（8）加强抽样检验。为确保Ⅰ级粉煤灰的需水量比、细度、烧失量等满足《三峡工程质量标准》（TGPS04）的质量要求，施工单位对所供应的粉煤灰应按批进行检验，必要时加密抽检[132]。例如，2004年下半年电厂燃煤供应紧张，往往要混烧杂煤，粉煤灰质量和均匀性受到很大影响（特别是烧失量和碱含量），有时同一批次的灰质量差异很大，因此加大了检测频率，逐罐逐车取样检验，从而保证了粉煤灰的质量。

3.1.2.2　外加剂质量控制

（1）优选外加剂品种。外加剂应根据工程设计和施工技术要求优选，并根据原材料进行严格的适应性试验论证确定。三峡三期工程在选用外加剂时，在对近30个外加剂生产厂家的30多个品种初选试验的基础上，结合三期工程的原材料特性，对初选产品进行了全面的混凝土适应性试验（三个具有资质的试验单位），最终优选出了品质优良、适应三期工程的JG3、X404缓凝高效减水剂及JM-Ⅱ泵送剂等[133]。

（2）严控外加剂掺量。外加剂掺量必须遵照有关规定和试验结果确定，切不可随意添加。过量外加剂的添加则可能引起工程质量事故。一个大中型工程掺用同种外加剂的品种宜为 1～2 种，并由专门生产厂家供应。一般情况下，在工程施工中不随便更换外加剂品种。

（3）做好外加剂的储存。液体外加剂放置于阴凉干燥处，如有沉淀等现象，经性能检验合格后方可使用；粉状外加剂在储存过程中注意防潮，若外加剂有受潮结块等现象，经性能检验合格后，烘干碾碎并通过 0.63mm 筛后方可使用；拌和厂外加剂调配点堆存的外加剂以满足混凝土生产强度需要为准；外加剂按不同品种及不同供货单位分别存放，标识清楚；当对外加剂质量有怀疑时，必须进行试验鉴定，严禁使用变质的外加剂。

（4）加强外加剂的检验。检验供货单位应提供下列技术文件：产品合格证、产品说明书（标明产品主要成分）、出厂检验报告、质量保证资料及具有资质的检测单位所发的掺外加剂混凝土性能检测报告等；外加剂到场后立即取代表性样品进行检验，进货与工程试配一致时方可入库使用。

3.1.2.3　砂石骨料质量控制

大坝混凝土施工规模巨大且持续时间长，为了给高强度的混凝土施工提供优质的砂石骨料，应采取如下质量控制措施：

（1）反复核实人工骨料料源，确保骨料本身质量。大坝混凝土施工中骨料料源的选择将直接影响工程的质量和造价，为此需要对料源进行长期的勘测、试验研究及比选分析，寻找技术、经济指标优越的砂石料源。试验研究过程中，要确保粗粒径骨料强度及其他物理力学指标满足混凝土设计要求，严格控制软弱颗粒以及针片状颗粒的含量及无定型二氧化硅比率等；在优选料源时要综合考虑开采的难易程度、施工总体布置、场内外交通运输条件、工程实施条件及技术经济指标等。

例如，经 30 年的勘察及试验研究优选的下岸溪人工砂石料场，位于三峡右岸坝址下游 12km 处，料场储量可满足三峡二期、三期工程混凝土对人工砂石骨料的需求；岩石整体性能好、磨蚀指数大且抗压强度高；斑状花岗岩成砂性能好，产砂率达 80%～85%；人工砂云母含量及细度模数，混凝土热学性能、力学性能及冻融耐久性试验均证明人工砂各项指标满足三期工程要求。

（2）料场岩石开挖质量控制。为避免有用料源与覆盖土混杂，料场应自上而下分层开采，以弱风化带下部作为无用层与有用层的分界线，先剥离覆盖土后开采毛料。岩石质量控制有如下措施[134,135]：①毛料采用分梯段开采，每梯段爆破 2 万～3 万 m³，合理选择爆破方法控制毛料的块径，将大块率降低至 2% 以下；②爆块开采前监理人员严格审查爆破设计方案；③剥离料区与毛料设立明显的开挖分区标志，界限模糊的部位全部作为剥离料；

④在采挖毛料部位，监理及质检人员跟踪旁站检查；⑤采石场作业采用挂牌作业制度。

（3）先进的砂石料生产设备。三峡三期工程砂石骨料生产系统选配了国际上一流的先进破碎及制砂设备。如在下岸溪砂石加工系统中，超细碎车间选配的 B9000 立轴式冲击破碎机、细碎车间选配的 HP500 圆锥破碎机及粗碎车间选配的 50-65MK-Ⅱ 旋回破碎机等，保证了砂石料质量优良[136,137]。下岸溪砂石加工系统骨料生产流程及设备配置如图 3.1 所示。

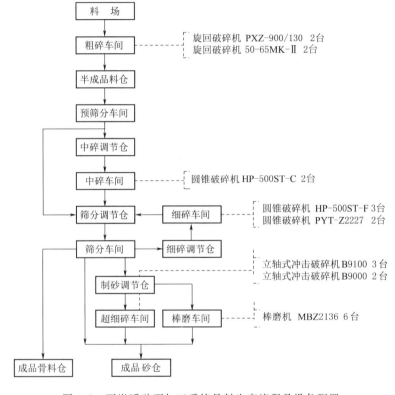

图 3.1 下岸溪砂石加工系统骨料生产流程及设备配置

（4）Barmac 破碎机与棒磨机联合制砂新工艺。Barmac 破碎机性能稳定，砂的细度模数、粒形均满足规范要求，与棒磨机联合制砂可较好地调整筛分车间的石屑，更好地控制成品砂质量[138]。Barmac 破碎机与棒磨机联合制砂流程示意图如图 3.2 所示。

（5）粗骨料超逊径控制。毛料加工过程中，骨料超逊径比率过大往往是降低混凝土质量的重要因素，因此必须严控人工碎石的超径和逊径。粗骨料超逊径控制的主要措施有[139]：①生产过程中每隔 3h 检测粗骨料的级配及超逊径；②设置缓降器；③每生产 50t 更换一次筛网。

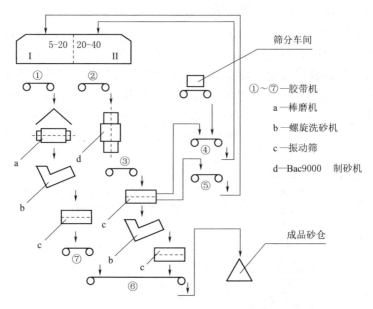

图 3.2　Barmac 破碎机与棒磨机联合制砂流程示意图

（6）人工砂细度模数控制。人工砂的细度模数调整到不大于 2.8[140]；在装车平台堆场检测砂的细度模数，若发现细度模数偏差超过规范要求，及时反馈到生产车间，调整设备组合；若细度模数偏大，调整棒磨机进料粒径、进料量、装棒量或调整筛分楼的开机组数，调整生产量[135]。

（7）人工砂含水率控制。为了使进入拌和楼的人工砂含水率降低到规定范围内（不大于 6%）且稳定，采取了如下质量控制措施[135]：①机械脱水与自然脱水相结合，在筛分楼洗砂机出口下部安装直线振动筛脱水可使人工砂含水率降低 10% 左右，人工砂下料、堆存和取料分开进行，堆存脱水 3～5d 后可使含水率降低至 6% 以内；②在成品砂仓底部浇筑混凝土地板，增加盲沟排水设施并定期清理，在仓顶部搭设防雨棚；③分仓运行，堆土机喂料，延长砂的脱水时间；④在成品砂石料皮带地弄搭设截水槽或截水板，避免地弄廊道顶板漏水进入输送带。

（8）人工砂石粉含量控制。人工砂石粉含量及掺入石粉的均匀性，会对混凝土性能产生影响，为此业主试验中心开展了人工砂不同石粉含量对混凝土性能影响试验。三峡二期工程平均石粉含量约为 12.8%（标准要求石粉含量按 10%～17% 控制），三期人工砂石粉含量按 10%～13% 控制[141]。

3.1.3　混凝土生产质量控制

在混凝土生产工艺方面，若称量精准度达不到规定要求、搅拌混凝土时多加水、搅拌不均匀、拌和时间不够等将严重地降低混凝土的质量。为保证混凝土拌和物出机口温度、坍落度、含气量、强度等指标满足质量要求，混凝土生产过程中采取如下质量控制措施。

3.1.3.1 混凝土配合比优化设计

三峡工程混凝土种类繁多，针对不同使用特性，在配合比参数选择上侧重点不同，且配合比设计是一个持续改进的过程。三峡二期工程初期大体积内部混凝土采用高粉煤灰掺量（35%～40%）和缓凝高效减水剂（ZB-1A，0.6%），降低了水泥水化热温峰2.37℃，延缓水化热温峰出现时间10h；对大体积外部混凝土，采用缓凝高效减水剂和引气剂（DH9）复合并掺入适量粉煤灰（30%～35%），使外部混凝土抗冻融能力大于250次，28d抗渗性大于S10；对抗冲耐磨混凝土，采用引气剂＋高效减水剂＋少量粉煤灰（20%）的配合比，改善了混凝土拌和物和易性及耐久性[142]。在泄洪坝段施工阶段，通过选用具有微膨胀性质的中热525号硅酸盐水泥、掺用需水量比小的I级粉煤灰及调整混凝土砂率（三级配混凝土减少2%，四级配混凝土减少1%）等配合比优化后，混凝土单位用水量减少了5～9kg/m³，胶凝材料用量降低了16～20kg/m³，为混凝土温控提供了良好的条件[143]。

三峡三期工程在总结二期工程的基础上对混凝土配合比作了进一步优化。2003年7月，经配合比设计试验提出了第1期施工配合比，一方面对塔带机浇筑的四级配特大石（80～150mm）比例做了统一规定（20%～25%）；另一方面，将相邻部位或相近标号的混凝土配合比进行了合并，例如基础与水上水下外部混凝土合并、$R_{28}250$与$R_{90}300$合并、$R_{28}350$与$R_{90}400$合并，简化了配合比种类，减少了拌和楼生产及现场的干扰，同时对提高大坝整体均匀性是有利的。2003年9月份，根据混凝土生产抽样结果及实验成果，减少了砂率和用水量，例如将大坝四级配混凝土砂率调整为26%～27%，三级配混凝土砂率调整为30%～31%；通过选用I级粉煤灰、优质高效减水剂和引气剂联合技术，综合减水率高达30%以上，使四级配混凝土用水量由原来的111kg/m³降至85kg/m³。2005年12月，三期大坝工程采用了统一的配合比，以便于混凝土生产调配和施工管理[144]。

3.1.3.2 称量设备及称量准确性的定期检测

三峡工程规定原材料称量允许偏差：水泥、粉煤灰为±1%，粗、细骨料为±2%，水、外加剂为±1%。三峡工程混凝土生产中，规定每一工作班正式称量前必须对计量设备进行零点校核，计量器的校验周期最长不超过7d，从而有效地减小了系统误差。

3.1.3.3　冷风机冲霜

当冷风机运行一段时间后，其蒸发器表面因大量灰尘粘附而结上厚厚的霜层，极大地降低了冷风机的热交换效果，引起出机口混凝土拌和物的超温。三峡三期工程 150m 高程拌和系统一次、二次风冷每次交接班时冲霜 45min（水洗 30min，沥水 15min），两次风冷系统冷风机的冲霜时间前后错开至少 0.5h，有效地缓解了出机口的超温现象[145]。

3.1.3.4　二次砸石测温

在夏季混凝土生产中，由于温控混凝土需求量大，常常会出现骨料冷却不彻底、冷却时间不足的问题，导致大骨料"皮焦里生"，表现为混凝土拌和物出楼后温度快速回升，不利于混凝土温控。施工现场采用每班两次砸石测温检查及加强骨料入仓预冷时间检查的措施，确保骨料冷透。

3.1.3.5　混凝土拌和工艺控制

拌和系统正式投产前要进行混凝土试拌；拌和前检查砂子含水率，当砂子含水率大于 6% 或脱水时间小于 72h 时，停止拌制；掺和料（如粉煤灰等）掺合均匀；控制水泥进罐温度在 60℃ 以内；骨料二次筛分时不再淋水以避免预冷骨料时冻仓；定期检验拌和物的均匀性、拌和时间、拌和机及叶片的磨损等情况。

3.1.3.6　混凝土出机口温度、坍落度、含气量控制

严控出机口温度：混凝土生产中采用了二次风冷骨料、加片冰及加冷水拌和混凝土的施工工艺[146]；夏季混凝土生产时，为避免拌和楼小石冻仓，在略提高小石风温的基础上，按风冷 40min，停 20min 方法控制，同时对小石终温加密检测，温度回升至 4℃ 以上则开冷风[145]。坍落度控制：在骨料下料口检测骨料级配，以便及时调整；严格控制砂子的细度模数在 2.6±0.2 的范围内[131]；混凝土出机后决不允许加水，若坍落度过小可按每立方米混凝土加 2L 增塑剂调试，达不到和易性要求则按废料处理。三期工程混凝土出机口含气量控制在 4.5%～5.5%，若含气量达不到要求，则及时调整引气剂剂量。

3.1.3.7　检测手段改进

三峡三期工程拌和系统在两次风冷的骨料仓内装备了多点式温度检测仪；在调节料仓下部廊道出口安装远红外自动测温装置；用手持远红外测温仪检测二次风冷骨料终温及机口温度，手持远红外测温仪要及时更换电池，不定期用

水银温度计校核。检测手段的改进，不仅提高了检测效率，而且保证了温控调节的准确性和及时性。

3.1.3.8 混凝土生产过程检测系统

为及时准确地将混凝土生产的关键设备状态信息反馈给工作人员，三峡工程施工单位开发了混凝土生产过程检测系统并获得成功应用。该检测系统的应用为工程技术人员分析混凝土生产质量事故原因提供了第一手资料，也为设备维修提供了重要基础数据[147]。混凝土生产过程检测系统如图 3.3 所示。

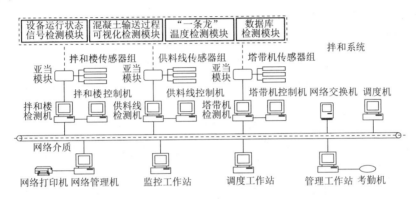

图 3.3 混凝土生产过程检测系统

3.1.3.9 混凝土生产与运输车辆控制系统

在多品种混凝土同时运输的情形下，需要对其正确标识并正确装车。传统的标识方法是在车辆的前部显著位置插不同颜色的小旗、贴不同符号的纸片或系草束等，然而这些方法易于出错，再加上车辆不按序排队，致使拉错料及打错料的发生，带料人员稍不注意就会严重影响大坝混凝土的质量。为此，三峡三期工程采用了混凝土生产与运输车辆控制系统，成功应用在左右岸拌和系统。

混凝土生产与运输车辆控制系统如图 3.4 所示。该系统由车辆识别、生产调度中心、混凝土配合比管理、电控系统及拌和楼组成。其工作原理为[148]：当装有条形识别码的车辆按交通红绿灯指示进入识别区后，识别棚的光电识别装置将条形码信息传送至主控制机，经识别后主控制机一方面指令拌和楼按条码信息生产混凝土，一方面抬起栏杆放行车辆；车辆进入指定车道后，主控制机自动控制调度中心的控制台，放下识别棚栏杆及相应车道栏杆防止其他车辆驶入。混凝土生产与运输车辆控制系统可使拌和楼形成资源互补，提高拌和楼的生产效率，减少人为操作失误，生产质量受控有序。

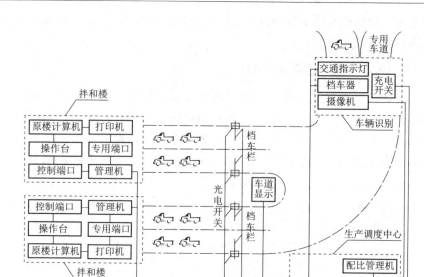

图 3.4　混凝土生产与运输车辆控制系统

3.2　大坝混凝土施工关键工艺

三峡工程三期无裂缝混凝土大坝的成功建造再次证明了先进的施工工艺及全过程的精细控制无疑与科学的设计和先进的装备一样，都是决定无裂缝混凝土大坝建成的关键要素。为此，深入挖掘和总结无裂缝大坝混凝土施工的创新关键工艺是非常必要的。

3.2.1　原材料优选

混凝土原材料选用低热硅酸盐水泥；选用品质优良的聚羧酸类高效减水剂；限制原材料的碱含量和混凝土总碱含量；在混凝土中将Ⅰ级粉煤灰作为功能材料掺用；缩小水胶比加大粉煤灰掺量。

低热硅酸盐水泥混凝土早期强度低，水化热温升也低，在掺用相同掺量粉煤灰的条件下，对降低混凝土早期水化热温升比中热水泥的效果更好，对改善混凝土早期抗裂性能更为有利。低热水泥在三峡工程中先后在三期围堰压重块、导流底孔封堵、蜗壳回填、钢管槽回填、右岸非溢流坝段以及永久船闸工程中得到成功应用。以羧酸类接枝聚合物为主体的复合外加剂具有大减水、高保坍、高增强等功能，如三峡工程三期钢管坝段管槽外包混凝土中使用聚羧酸高效减水剂，节约水泥用量 32kg/m³，降低了混凝土水化热，也节约了施工成本[1]。

3.2.2 配合比持续优化

三峡工程三期大坝混凝土配合比是一个持续优选的过程。在设计初期，三期大坝主要使用中热水泥和奈系高效减水剂；2003 年 7 月，根据配合比设计实验，提出了一期施工配合比；施工中根据混凝土抽样结果和实验分析，减少了砂率和用水量；为减少仓面浮浆及减轻泌水，首次将聚羧酸减水剂用于水工大坝混凝土中；针对混凝土坝最易发生裂缝的高标号混凝土，采取优化外加剂掺量、提高粉煤灰用量、使用低热水泥等配合比持续优选措施。

3.2.3 骨料冷却

常规的骨料冷却技术存在骨料冷却不彻底、冷却时间不足的问题，导致大骨料"皮焦里生"，不利于混凝土温控。三期工程混凝土生产中首次采用了二次风冷骨料技术[149]：首先在地面骨料调节风冷仓中对二次筛分骨料进行第一次连续风冷，然后在拌和楼料仓内对骨料进行第二次连续风冷。完成两次风冷后，加片冰及加冷水拌和混凝土。该技术具有占地面积小、中间环节少、冷却时间充足、冷却彻底、性能优越等优点，两次风冷骨料的终温远远低于水冷骨料加风冷的冷却方式，保证混凝土出机口温度稳定，达到设计要求。二次风冷骨料与常规水冷骨料对比见表 3.3，7℃混凝土生产工艺流程示意图如图 3.5 所示。

表 3.3　　　　　　　　二次风冷骨料与常规水冷骨料对比

内　容	二次风冷	常规水冷
占地面积（比）	小（1），空气冷却器及鼓风机紧靠骨料风冷仓布置	大（5～6），需修建一条 200～300m 的洒水廊道及水处理厂
骨料含水率	极低（或 0%），加冰拌和机动性大，适应于任何混凝土预冷系统	高，拌和楼料仓保温时易冻仓
冷量损耗	小，工艺环节少，冷风循环回路短，制冷装机容量节约 40%	大，工艺环节多，水处理过程中出现温升
制冷效果	可将骨料温度降至零下	因水受冰点限制，骨料温度仅能降至 4～7℃
沉积物	无	泥沙沉积多，需增加弃渣设备
运行操作	单一，但需定期冲霜	多样，需对各级水温调节控制
运行工况	热负荷变化大，需经常调节	热负荷变化小，易调节
运行管理	设备台套少，管理环节少	设备台套多，管理复杂
投资比例	0.65～0.75	1

续表

内　容	二次风冷	常规水冷
运行费用比	0.60～0.70	1
运行可靠性	高,骨料两次风冷之间可以相互调剂,其中一个环节出现故障时可短期替代	相对较低
运行稳定性	出机口温度稳定（≤7℃）	出机口温度不稳定（>7℃）

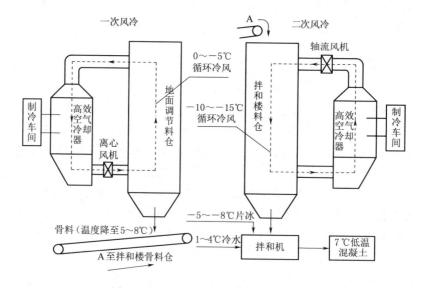

图 3.5　7℃混凝土生产工艺流程示意图

3.2.4　遮阳喷雾

大坝混凝土浇筑的运输方案,主要有门塔机运输方案、塔带机运输方案、缆机运输方案及辅以汽车运输、履带式起重机浇筑方案等。目前混凝土大坝快速施工多采用塔带机运输方案为主,辅以门塔机运输及汽车运输的施工方案。塔带机运输中,混凝土直接从拌和楼经供料线运输入仓,供料线较长,周转次数多,为减少拌和料在运输过程中和浇筑仓面温度回升,常采取沿程遮阳、盖保温被（板）、喷雾等措施。

例如：三峡三期工程中供料线长度较长（700～1100m）,在高温季节,混凝土拌和物经长距离运输后温升较大,为保证混凝土施工质量,采用的施工措施有：

(1) 在供料线棚顶粘贴 5cm 厚保温板（聚乙烯苯板）,并在皮带上方两侧加装橡皮挡板。

（2）开仓前 10～15min 用 4℃ 制冷水对供料线皮带进行喷水（皮带下部反面冲水、空转皮带）[150]。

（3）在仓外供料线皮带回转节点处（下方）10m 范围内制冷水喷雾降温，改善混凝土输送环境。

（4）供料过程中保证连续下料和皮带上料的层厚均匀。采用汽车运输时，为减少预冷混凝土温度的回升，采用对拌和楼等料的空车喷雾降温、盛料斗上部设有遮阳棚并在运输途中展开、减少混凝土转运次数等降温措施。

又如：三峡三期工程大坝高温时段浇筑混凝土，当遇晴天且气温达到 28℃ 以上时，为确保浇筑温度满足设计要求，减少混凝土温度回升，采取仓面不间断地连续喷雾措施。高温季节仓面喷雾机可有效改善仓面环境，仓面喷雾机结构示意图如图 3.6 所示。为增强喷雾效果，减少喷雾过程中多余的水入仓，采取如下措施[151,152]：

（1）沿喷雾管布设拦截槽，收集滴水、漏水，以便有效排出仓外。

（2）喷雾管布设应充分利用仓号周围的模板骨架，原则上越高越好，以延长雾化水的蒸发时间。

（3）加强仓面排水，应配置 2 支以上的排水吸管。

（4）为了不影响仓面的施工视线，喷雾管应设置多段，能随时开启或关闭其中一段，一般应保证喷雾压力为 10～15MPa。

（5）对钢筋密集的仓号，喷雾是首选的温控措施。通过喷雾，仓面小环境温度比气温低 5～6℃。

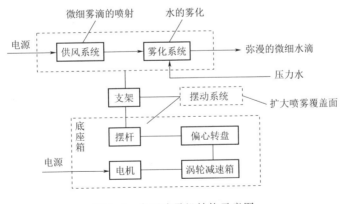

图 3.6 仓面喷雾机结构示意图

3.2.5 通水冷却

个性化冷却通水方法是根据不同标号混凝土的温度变化规律控制冷却水管

的材质、直径及间排距，根据通水时进出水温度动态控制通水流量，定期变化通水方向，提高通水质量和通水效率，减小混凝土内的拉应力，达到防止混凝土出现裂缝的目的。个性化冷却通水方法见表 3.4。

表 3.4　　　　　　　　　　个性化冷却通水方法

	通水时间	通水水温	通水时长	通水流量	目　的	备　注
初期通水	冷却水管覆盖后或开仓后（高标号混凝土）	8～10℃制冷水或江水（江水温度为 11～15℃时）	7～14d	前 4～7d 30～45L/min，之后 15～25 L/min	削减混凝土初期温峰，降低大体积混凝土内部最高温度	隔 1d 换 1 次进出水方向，控制进出水温差在 5℃以上；否则，减小流量直至通水量控制标准下限
中期通水	9 月初，首先通 5—8 月浇筑的混凝土，再通 4—9 月浇筑的混凝土	8～10℃制冷水，可用低于出水温度 2℃的江水初步冷却	至 11 月底控制混凝土温度在 22℃以下	15～20L/min	减小冬季混凝土内外温差（温度降至 20～22℃），使混凝土顺利过冬	隔 2d 变换 1 次通水方向，混凝土降温速度不大于 1℃/d，当坝体温度降至 20～22℃时全面闷温 5d
后期通水	10 月初	冷水温度 10 月 14℃，11 月及其后 8～10℃	坝体达到设计灌浆温度为准	通制冷水时大于 18L/min，通江水时为 20～25L/min	对需进行坝体接缝灌浆及岸坡接触灌浆部位进行冷却	坝体应保持连续通水，每月通水时间不少于 600h，坝体混凝土与冷却水之间的温差不超过 20～25℃，降温速度小于 1℃/d
超后期通水	针对高掺粉煤灰混凝土水化反应持续时间长的特点，灌浆完成后，对温度回升部分混凝土进行超后期冷却通水					

冷却水管的布设：采用黑铁冷却水管（$\phi 25$）和塑料冷却水管（$\phi 32$ 高密聚乙烯）布设；仓面上按 1.5m（间距）×2.0m（升层）或 2.0m（间距）× 1.5m（升层）布置冷却水管；高标号（≥R$_{28}$250）、高流态混凝土中冷却水管加密到 1.5m（间距）×1.0m（升层）或 1.0m（间距）×1.5m（升层）并增布测温管；3m 升层混凝土在中间层加铺一层塑料管；在侧面抗冲磨部位使用

冷却水管；在冷却水管布置图上对每组水管编号，注明冷却范围，为便于检查通水方向，将每组冷却水管标识为 A、B 两支。混凝土典型仓面冷却水管布置示意图如图 3.7 所示。

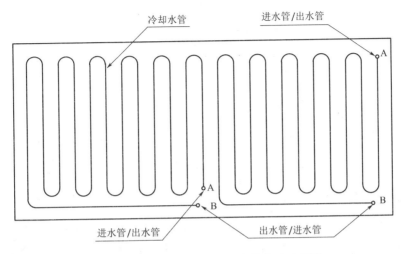

图 3.7 混凝土典型仓面冷却水管布置示意图

3.2.6 下料与浇筑法

3.2.6.1 均匀下料、下料及堆料高度

以往的混凝土下料为点下料，且施工规范中没有对下料及堆料高度作出具体规定。三峡工程三期混凝土浇筑以塔带机浇筑为主，塔带机浇筑混凝土供料连续、强度高，但容易出现混凝土骨料分离的问题。为有效处理骨料分离问题，采取如下布料新工艺：

（1）在拌和楼控制取料速度，保证供料线皮带上料不间断且混凝土在皮带上有一定的堆积厚度。

（2）布料原则上以"先下高标号料、后下低标号料"。下料皮筒应顺铺料方向均匀连续下料，形成鱼鳞状压坡式下料，要求布料条带清晰，厚度均匀，后一条带下料皮筒的中心应正对前一条带的边角，塔带机布料条带断面示意图如图 3.8 所示。

（3）塔带机下料口距下落面的高度在 1.5m 以内，对于结构复杂、仓面狭小或有水平钢筋网的部位，一方面可以改变部分钢筋的接头方式，在钢筋网上预留下料口，使塔带机下料皮筒伸到钢筋网下面布料，另一方面可调整浇筑分层高度，尽可能减少钢筋网距混凝土缝面的距离，一般不得大于 1.0m[153]。

（4）除特殊部位外不允许定点堆料，堆料高度应小于 1.0m。

（5）卸料点距模板或钢筋 1～1.5m 范围内，经人工处理后再用平仓振捣机或振捣棒及时平仓振捣[154]。

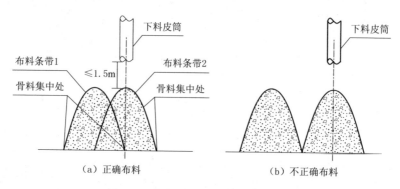

图 3.8　塔带机布料条带断面示意图

3.2.6.2　平层浇筑法

平层浇筑法是指按水平层连续地逐层铺填，第一层浇筑完毕后再浇筑第二层，依次类推，直至设计仓面。为了满足大坝混凝土快速施工、塔带机高强度快速运送混凝土、便于层间冷却水管埋设和混凝土浇筑质量，大坝混凝土浇筑尽量采用平层浇筑法。平层浇筑法施工应遵循如下原则：

（1）迎水面仓位铺料方向与坝轴线平行，上块浇筑方向从上往下，下块浇筑方向从下往上。

（2）混凝土下料顺序应先高标号后低标号。

（3）岩基面、凸凹不平的老混凝土面斜坡上的仓位，由低到高铺料。

（4）廊道、钢管两侧均衡上升，其两侧高差不得超过铺料的层厚[155]。

三峡三期工程 TGP/CI-3-1B 标段主要采用塔带机浇筑，个别塔带机浇筑盲区采用门机或塔带机浇筑，凡能采用平层浇筑法浇筑的仓号一律采用平铺法。例如 TGP/CI-3-1B 标段主要采用塔带机浇筑，2004 年大坝工程平铺法比例为 76.8%，台阶法比例为 23.2%；2005 年 1—3 月大坝平铺法比例为 89.1%，台阶法比例为 10.9%[152]。由此可见，平层浇筑法是大坝混凝土施工的主要方法。

3.2.7　混凝土振捣

3.2.7.1　ϕ130 振捣棒、二次振捣、排序振捣

针对大坝混凝土级配高、大仓面浇筑、塔带机快速送料入仓等特点，为确保混凝土密实、消除气泡，大力推广使用大功率振捣棒（ϕ130）和平仓振捣机，提高振捣效率。采用二次振捣的措施减少表面气泡孔；在每仓浇筑最后一坯层

混凝土时采用人工排序振捣，以防止漏振、骨料外漏及表面浮浆过厚[156]。

3.2.7.2 计时振捣

振捣时间及振捣工艺过程控制对大坝混凝土浇筑质量至关重要，振捣时间控制得好，可防止混凝土浇筑中的欠振、漏振和过振。在三期施工过程中，施工单位研制了平仓振捣机计时报警器。该装置可根据混凝土标号、级配、含水量的不同为其设置不同的振捣时间，对每一振捣循环进行提示和约束，对层间结合振捣进行有效控制[157]。计时报警器主要由报警指示灯、集成式仪表主机、超声波测距传感器、配套软件、连接线缆和控制电路等组成，安装于平仓振捣机振捣横梁上计量不同类别混凝土的振捣时间，使振捣作业实现了监控振捣深度、量化振捣时间和统计仓位操作数据的自动化，使振捣质量控制标准更为科学，提高了混凝土浇筑的精细化施工水平。平仓振捣机计时报警器工作流程图如图3.9所示。

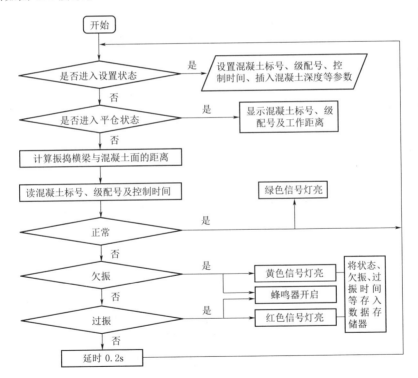

图 3.9 平仓振捣机计时报警器工作流程图

3.2.8 长间歇面纤维混凝土

大坝混凝土施工中，由于闸门吊装、钢管安装、坝前设备拆除、供料线占位跳仓、并缝、备仓等原因可能形成的长间歇面，为防止裂缝发生，通常采取布置防裂钢筋、在收仓的顶部最后一个坯层浇筑纤维混凝土、覆盖分化砂、严格振捣和收仓工艺等措施。除采取上述的结构措施外，还需加强通水和保温，如埋设双层冷却水管，将初期、中期通水冷却一次完成，将坝块温度冷却至22℃以下，采用方木格栅压条固定3cm保温被进行保温。

例如三峡三期工程中，右岸钢管坝段在低温季节过孔口，由于钢管安装，其进水口底板混凝土长间歇达到40~50d，裂缝风险大，为此在底板浇筑层最后一个坯层（50cm）的混凝土中掺聚丙烯纤维，其掺量为1kg/m³，并在大坝上游面4m范围和坝块顺水流向两个三分点之间区域布置一层结构防裂钢筋网[158]。又如，三峡三期工程坝顶铺装层施工，由于减少了分块尺寸，为进一步加强防裂措施，采取铺装层混凝土改用同标号纤维混凝土及铺装层内增设一层 $\phi10@12$ 钢筋网（钢筋网距收仓面6cm）的措施。

3.2.9 均匀快速上升

间歇期指本层收仓至被覆盖的间歇天数，间歇期控制不仅是利于混凝土层间结合及温控防裂的重要措施，同时也是控制与调整块间高差、加快施工进度的有效方法。大坝混凝土的均匀快速上升可提高混凝土的均衡度，减小质量波动，达到均衡生产。实践表明，大型混凝土坝工程采用薄浇筑层和长间歇期的方法后，由于热量倒灌及施工冷缝面较多等原因，仓面上会出现较多裂缝。而混凝土的浇筑层层间间歇期越小，上下两层混凝土的变形不协调就越小，越有利于应力安全；厚浇筑层相当于把两层或多层薄浇筑层之间的间歇期变为零，有利于混凝土均匀快速浇筑[159]。三期大坝非约束区混凝土浇筑、导流底孔浇筑采用全年 3.0m 层厚的均匀快速施工方案，控制混凝土浇筑的层间间歇期为3~5d，使大坝混凝土提前半年工期，且未发现裂缝。

3.2.10 模板工艺

混凝土浇筑中的麻面、漏浆、蜂窝、挂帘、错台等"顽症"与混凝土模板有着紧密的联系，因此模板的材质、模板工艺及模板施工水平等直接影响着混凝土的浇筑质量与外观质量。随着大坝混凝土模板工艺的发展，目前大坝坝体上下游面、坝体内部纵横缝及大部分泄水孔表面多采用多卡模板，多卡模板的支撑系统与木胶面板、保丽板、芬兰板等结合用于拦污栅表面、进水口表面等特殊部位，在竖井、孔洞等部位使用整体提升模板、异型大模板、定型模板等先进模板工艺，有利于消除混凝土浇筑"顽症"及防裂。

例如在三峡三期工程施工中，为提高混凝土浇筑质量与外观质量，大规模使用了整体提升模板和大型钢模板，如牛腿整体提升模板、竖井整体提升模板、廊道顶拱钢模板及排水沟定型钢模板等。在使用大型整体式模板施工时，在模板面板下口嵌固一个三角条，可消除混凝土浇筑升层与升层之间的应力集中，防止层间裂缝[1]。混凝土外倾反坡段（牛腿）整体提升模板如图 3.10 所示。

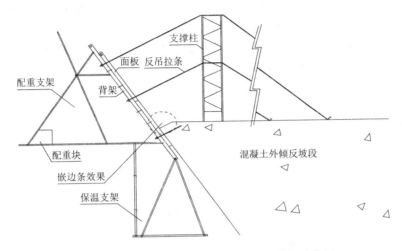

图 3.10　混凝土外倾反坡段（牛腿）整体提升模板

在三期工程中，还针对施工中易出现的质量问题，对模板工艺进行了多项技术革新。如为杜绝过流面的挂帘和沙线，在过流面多卡模板上加支座；为防止止水片不成一条直线，采取定型止水模板；为防止大坝廊道排水沟不成直线，排水沟浇筑模板采用钢结构；为保证模板的刚度，采取对模板加卡子和钢槽、加螺栓和销子的办法来固定；为保证混凝土的外观质量，采取了在模板上刮原子灰然后用纱布打光的工艺；为解决模板跑模漏浆造成的蜂窝、麻面等"顽症"，大量采用大型模板以增加模板的稳定性等。

3.2.11　块间高差

大坝混凝土施工中，若块间高差过大，先浇块和后浇块块体间形成温差，在结构上会带来一些不利影响，如纵缝键槽被挤压，影响纵缝灌浆质量，严重的也许可能引起键槽的局部损坏；高低块之间形成的缺口成为通风道，先浇坝块长期暴露在大气中，遭受气温陡降的影响，易产生表面裂缝。表面裂缝可通过养护和保温等措施防止，但若接缝不能顺利灌浆，则会影响到坝的整体性，而且可能使刚浇不久的后浇块键槽出现剪切裂缝，因此施工中要限制相邻坝块的高差，做到各坝块均匀上升。

例如，在相关规范中强调相邻坝块高差不超过 12m，在实际施工中对纵缝两侧坝块高差控制比较重视，如三峡三期工程中按照相邻块高差不宜大于 8m，相邻坝段高差不宜大于 12m，反高差不大于 6m 控制。在三峡三期工程中，为了控制个别坝块高差过大（1A 标段，23-1 号坝段甲、乙块高差最大为21.5m），采取以下措施并获得较好效果：

（1）乙块采用 3m 升层浇筑，甲块采用 1.5m 升层，间歇期均按 10d 控制，待恢复正常高差后，甲块恢复 2m 升层。

（2）甲块进行中期通水冷却时，混凝土温度达 23～24℃停止通水，以免纵缝键槽受压或接缝张开度过小。

（3）加强高块侧面及顶面保温，注重高块的初期和中期通水冷却[152]。

又如，大坝混凝土施工采用纵缝分块的柱状浇筑形式，一般采用上游块高于下游块的浇筑方案，且高差不超过 10m，浇筑块不允许出现反高差。若形成反高差，键槽短边在下，造成压缝甚至缝面张不开，影响纵缝灌浆质量。三峡三期大坝混凝土浇筑控制反高差的方法有：

（1）控制反高差不超过 6m。

（2）灌区未封闭之前，不得改变其浇筑块的先后顺序，倒序应安排在下一个灌区。

（3）对典型坝段反高差浇筑需布设测缝计检测缝面张开情况。

（4）灌区未封闭前控制先浇块（即下游块）中期通水降温后混凝土温度为24～25℃[152]。

3.2.12　表面永久保温

长期以来，人们只重视大坝混凝土早期表面保温，对后期表面保护重视不够，使坝体表面暴露在空气中。在气温年变化和寒潮的作用下，大坝混凝土表面产生裂缝，进一步发展成为深层裂缝或贯穿裂缝，因此，外部永久保温对混凝土大坝防裂十分重要。三期大坝施工中，表面保温材料主要有聚苯乙烯、聚乙烯及聚氨酯等，大坝混凝土施工主要保温材料的理化特性见表 3.5[160]

表 3.5　　　　　　　　　大坝混凝土施工主要保温材料的理化特性

品　种	密度 /(kg/m³)	导热系数 /[kJ/(m·h·℃)]	吸水率 /%	抗压强度 /kPa	抗拉强度 /kPa	特　点
膨胀型聚苯乙烯（EPS）	15～30	0.148	2～6	60～280	130～340	硬质板，不吸水，保温性能好，质轻，耐久性强，导热系数低，抗压强度高
挤塑型聚苯乙烯（XPS）	42～44	0.108	1	300	500	

续表

品　种	密度 /(kg/m³)	导热系数 /[kJ/(m·h·℃)]	吸水率 /%	抗压强度 /kPa	抗拉强度 /kPa	特　点
聚乙酯（PE）	22～40	0.160	2	33	190	富有柔性及一定吸水性，延伸率大，质地柔软，易撕裂
聚氨酯（PUF）	35～55	0.080～0.108	1	150～300	500	不吸水，黏着强度 0.1MPa

三期工程坝面保温周期长，且对抗风耐水的要求更高，因而在进行保温施工时，应针对不同材料性能适时采取工艺措施。如在聚氨酯保温材料施工中，枪口与被喷物距离为 300～500mm，一般以自上而下、左右移动为宜，移动速度务求均匀，喷涂结束后，应先停泵断料后停压缩空气，不要将料罐内的物料排得太净，以免堵塞，尤其是黑料仍可回原桶回收再用，停车后拆下料管，将枪用风吹一吹，用丙酮清洗至料管内流出的液体澄清为止[161]。又如在聚苯乙烯保温板施工中，先将塑料固定钉穿在保温板上，每张保温板一般用 2～3 支固定钉；然后将保温板用钢卡固定在钢模内壁，钢卡可卡在板上部中央，也可卡在两块保温板之间；钢模调整好后，调节钢卡，使保温板紧贴在钢模内壁，接缝可用胶带密贴。

对于聚苯乙烯、聚氨酯等泡沫塑料在表面裸露、阳光直射和风化作用下都会老化或自然脱落，用作永久保温的泡沫塑料必须在外面做保护层。永久保温板结构示意图如图 3.11 所示。

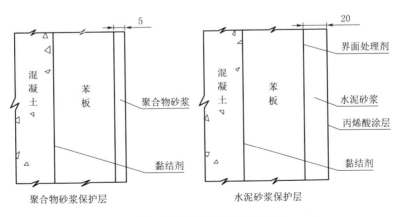

图 3.11　永久保温板结构示意图（单位：mm）

三期工程中广泛采用了永久保温板、覆盖保温被等措施控制大坝混凝土内外温差，重视后期表面保护。如水平浇筑层面、有键槽的凹凸侧面、防渗层和长间歇面采用保温被保温；在上下游面永久坝面、钢管槽侧墙、尾水扩散段侧墙等关键部位，采用苯板（永久保温板）跟进保温；体型不规则的进水口周边喷涂 2cm 厚的聚氨酯硬质泡沫保温并采用整体防雨帆布封堵。

3.2.13　长期养护

大坝混凝土施工中掺入了大量的粉煤灰，三期工程最高达 40%。掺粉煤灰一方面能节约水泥，减少水化热；但另一方面，延长了水化反应，有的长达 3 年或更长。常规的养护（混凝土浇筑完养护 14～28d）不能满足混凝土大坝的防裂要求，故混凝土浇筑完毕后，相当长时间内（大于 28d）应保持足够的湿度，创造混凝土良好的硬化条件。

大坝混凝土养护实施要求如下[162]：

（1）每仓混凝土收仓后及时养护直到上面新浇混凝土为止，浇筑完毕短期内应避免太阳光曝晒。

（2）养护应保持连续性，不得采用时干时湿的养护方法，若采用特种水泥，应按专门规定执行。

（3）低流态混凝土、需要利用混凝土后期强度的重要部位及高标号混凝土的养护时间应适当延长，泵送混凝土和抗冲耐磨混凝土在养护 28d 后仍需在表面覆盖保护材料。

（4）当下雨持续时间超过 30min 时，应停止各坝块表面及侧面的养护工作。

（5）混凝土养护应有专人负责，并认真做好养护记录。大坝混凝土主要部位具体养护方法见表 3.6。

表 3.6　　　　　　　　大坝混凝土主要部位具体养护方法

养护部位	养护方法	养护时机	养护时间	备　注
永久暴露面	长期流水养护	拆模后立即开始	不少于混凝土设计龄期或至覆盖保温材料	夜间气温不超过 25℃ 时可实行间断流水养护，即流水养护 1h，保持湿润 1h
坝块左右侧面	喷淋管不间断流水养护或表面蓄水养护	拆模后立即开始	不少于 28d 或至混凝土覆盖	若左右两侧不宜挂水管，需进行小流量的水喷洒或人工洒水养护
水平仓面	旋喷洒水养护辅以人工洒水养护	新浇混凝土初凝后	不少于 28d 或下一仓混凝土浇筑前	在浇筑层面养护时，严禁借洒水养护进行压力水冲毛，仓面洒水养护不论白天黑夜必须时刻保持在湿润状态

3.3　本章小结

　　结合三峡工程实际，分别从原材料准备及拌和生产两个方面研究了大坝混凝土生产质量控制的方法、措施和技术创新。水泥、粉煤灰质量控制主要采用优选供应厂商、选择多个中标人、强化厂家质量意识、实施严格的质量检测、制定严格的技术指标及加强抽样频率等措施；外加剂质量控制采用优选外加剂品种、严格控制外加剂掺量、做好外加剂的储存及加强外加剂的检验等措施；砂石骨料质量控制主要从骨料料源、料场岩石开挖、粗骨料超逊径、人工砂细度模数、人工砂含水率、人工砂石粉含量等方面实施，并且采用先进的砂石料生产设备及 Barmac 破碎机与棒磨机联合制砂新工艺。混凝土生产质量控制主要采用混凝土配合比优化设计、定期检测称量设备及称量的准确性、冷风机冲霜、二次砸石测温、控制混凝土拌和、严控混凝土出机口温度、坍落度及含气量、检测手段改进等措施，并且采用混凝土生产过程检测系统及混凝土生产与运输车辆控制系统，以减少混凝土生产质量事故，使生产受控有序。

　　分别从原材料优选、配合比持续优化、骨料冷却及遮阳喷雾等 13 个方面深入挖掘和总结了大坝混凝土施工的创新关键工艺。混凝土原材料采用低热硅酸盐水泥及聚羧酸高效减水剂大大降低了混凝土水化热；二次风冷骨料技术使骨料冷却彻底，保证混凝土拌和物出机口温度稳定，达到设计要求；遮阳喷雾等措施可减少拌和料在运输过程中和浇筑仓面温度回升；个性化冷却通水可提高通水质量和通水效率，减小混凝土内的拉应力，达到防止混凝土出现裂缝的目的；均匀下料、下料及堆料高度的控制可有效处理骨料分离的问题；二次振捣、人工排序振捣可防止漏振、骨料外漏及表面浮浆过厚；计时振捣可防止混凝土浇筑中的欠振、漏振和过振；大坝混凝土的均匀快速上升可提高混凝土的均衡度，减小质量波动，达到均衡生产；先进的模板工艺可消除混凝土浇筑中的麻面、漏浆、蜂窝、挂帘、错台等"顽症"，提高外观质量；合理控制块间高差可提高纵缝灌浆的质量；表面永久保温和长期养护可创造混凝土良好的硬化条件，有效地防止混凝土裂缝的产生。

第4章 三峡三期工程大坝混凝土施工质量控制实例研究

4.1 工程概况

三峡大坝为混凝土重力坝,坝顶高程为185.00m,最大设计高程为181.00m,坝轴线全长2309.5m。三峡工程混凝土总量约2800万 m³,其中大坝混凝土约1600万 m³,电站厂房混凝土约370万 m³,通航建筑物混凝土约560万 m³,导流工程混凝土约300万 m³。三峡工程分为三期施工,1994年三峡工程正式开工;1997年以左岸主河床截流为标志,三峡工程进入二期工程施工;2002年11月右岸导流明渠成功截流以及三期碾压混凝土围堰建成标志着三峡工程过渡到三期工程施工阶段。可见,混凝土施工贯穿三峡工程建设的三个阶段,是工程施工的最主要任务。

三峡三期工程主要由右岸厂房坝段和右岸工程组成。其中,三期大坝 TPC/CI-3-1B 标段包括右岸厂房排沙孔坝段和右岸厂房15~20号坝段工程,为混凝土重力坝,坝顶高程为185.00m,最低建基面高程为30.00m,最大坝高155m,挡水前缘轴线长245.8m,坝体上游面为直立面,下游坝面坡比为1:0.72。右岸大坝与电站厂房分缝桩号为20+118.000m,右岸大坝位于纵向围堰坝段右侧,从左至右依次为右厂排沙坝段、右厂15~20号坝段。三峡三期工程施工有如下施工特点:

(1) 施工布置难度大。由于右岸大坝位于三期RCC围堰下游,轴线与围堰轴线相距114m,RCC围堰下游坡脚距坝轴线最近处仅54m,下游紧接电站厂房,左侧是已施工的右纵坝段,右侧为右岸陡峭的高边坡;大坝上游施工场地最低高程为45.00m,与右岸坡顶高差将近100m;同时,本标段施工道路及塔带机供料线等须经过相邻的1A标段,且不得对该标段上游门塔机的运行产生影响。因此,施工布置难度较大。

(2) 右岸大坝基岩排水洞施工工期紧,施工难度大。右岸大坝基岩排水洞位于右厂21~26号坝段坝基岩体内,上游洞底板高程为59.00m,下游高程为25.00m,集水井最低高程为17.00m,两端口与大坝基础廊道相通。当混凝土浇筑仓面超过基础廊道时,排水洞施工完毕,否则排水洞内部难以施工。

（3）大坝混凝土施工强度高、难度大，质量要求高。本标段施工最高年强度 110.8 万 m^3，最高月强度 10.5 万 m^3。由于施工场面的局限，交通和大型施工设备布置都受到限制，材料的进场、仓位的转换等工作受到严重制约，持续高强度施工的难度较大。同时，大坝横缝不进行灌浆，混凝土施工要求高。

TPC/CI-3-1B 标段混凝土：三期右厂排坝段～20 号坝段主体于 2003 年 7 月 18 日开始浇筑第一仓混凝土，2004 年 5 月 21 日大坝全线脱离基础约束区，2005 年 9—12 月大坝陆续全线达到高程 160.00m，2006 年 4 月 25 日大坝甲块全线达到高程 185.00m。三峡三期工程的施工，被普遍认为是迄今为止在国内水利水电工程项目施工中，管理水平最高、质量控制最好的"精品工程"。其中一个最突出的亮点，就是整个主体工程所浇筑的 280 多万立方米混凝土中，没有出现一条裂缝，被国务院质量专家组誉为"国外罕见，国内奇迹"。

4.2 接力链运行机制的建立

4.2.1 运作机制

接力链的运作是以工序交接形成的链或网为研究对象，具体体现在工序与工序的结合环节上，其关键在于一个"接"字。接力链技术认为工序交接是在研究整个系统特点的基础上进行的，是要造成上下道工序之间的正点对接或提前搭接，达到无缝交接。无缝交接的核心是上道工序优质高效地完成任务并积极创造交接环境，下道工序主动去接上道工序，应有超前准备和及时处理上道工序"欠账"的能力，为无缝交接做好充分准备，使网络计划的节点延误时间真正为零。

在三峡三期工程施工中，应用接力链技术进行工序交接的部位无处不在，如原材料的供应与接收、砂石料的配料与拌和、钢筋的吊运到位与绑扎、混凝土的运输与浇筑、基岩清理交面与混凝土浇筑、班组与班组的交接等，在交接过程中，抓好工序交接这个关键环节，对确保工程质量具有重大意义。

例如三期工程中浇筑设备的安装以形成浇筑手段的过程就体现了供应商与承包方之间的相互协作及良好交接环境的相互创造，从而实现无缝交接。三期大坝混凝土关键浇筑部位规划的浇筑设备约 80 台（套），按其生产能力估算，可满足月浇筑混凝土 50 万 m^3，年浇筑量 500 万 m^3 的要求，其关键在于设备的及时安装到位以尽快形成高效的浇筑手段。一方面，设备的供应商认识到三峡工程的重要性及设备对大坝混凝土浇筑各工序的重大影响，不仅在生产设备过程中严格控制各环节质量，确保浇筑设备按时到达施工现场，还委派专业技术人员现场指导安装，并配备足够数量的配件，保证优良的售后服务；另一方面，承包方密切配合设备的安装，优先为安装浇筑设备的部位提供浇筑基础或铺设桥、梁、轨道及场地等准备。供应商保质保量及时为承包方提供浇筑设备，承包方主动接应供应商提供的设备，并做了超前的准备工作，从而实现了无缝交接，促使浇筑手段及时高效运行。

又如拌和楼质检员的零点班交接。由于零点班人员受生物钟的影响难免会发生反应迟钝现象，加上夜间光线昏暗、夏季混凝土浇筑强度较高等因素，配错料、拉错料的情况时有发生，可能对工程质量造成极大的损失。在三期工程中应用了接力链技术后，出错概率大大降低，上一班组在交接之前注意力不仅没有丝毫放松，"质量弦"会绷得更紧，认真做好记录，总结这一班的执行情况，提炼出应对下一班组强调的工作要点，并延长工作时间直到零点班班组正常投入工作；零点班质检员提前到达拌和楼，按规定仔细查看上一班组的混凝土浇筑仓位、标号、级配及用水量，询问应注意事项；当零点班质检员接过上一班质检员的质检记录完成交接后，上一班质检员并没有立即下班，而是同零点班质检员一起查看罐口，观察每种称杆的料子拌制情况，并根据需要调整坍落度，之后在放料层通过监视屏幕，观察微机的衡量，确定无误后再下班。由于拌和楼零点班质检员的提前到位及上一班组的超前准备，实现了班组间的无缝交接，并确保拌和料质量。

此外，大坝接缝灌浆与混凝土施工的无缝交接与协作，能够及时对缺陷灌区进行处理；在起重吊机和卷扬机配合起吊下，弧形闸门和大梁在空中接钩，解决了门机伸幅不够的难题；150 混凝土生产项目部将"生产安全质量、设备运行状况、隐患部位整改、习惯性违章行为和具体部位安全注意事项提醒"等列为交接班的必有项目，大大提高了班组交接质量；在供料线输送混凝土过程中，随时保持与混凝土浇筑仓位的联系，做好信息的交接，全面了解仓面施工情况，及时调整供料线能够用双线供料的黄金时间，争取多出方量等。

4.2.2　保证机制

接力链技术运行保证机制主要在于具备各种运行条件，其关键在于一个"储"字，储备的内容包括人力、物资、设备、资金、技术、运行制度及管理能力等。

（1）物资设备储备。为保证拌和系统在混凝土连续月浇筑量 50 万 m³ 以上的高峰期正常运转，150 混凝土生产项目部增加了砂石料的仓储能力，在砂石料储量设计中考虑了 30% 左右的富余储备量，从而保证混凝土骨料供应；另一方面，配备大量的备品备件，加快系统事故处理及检修时间，其中二破和三破是制约高峰期生产的关键，为了克服由于设备布置紧密造成检修相互干扰的难题，订购了二破、三破总成设备各一套，在发生事故时直接更换，减少干扰，提高了生产效率。又如在选择水泥和粉煤灰供应商时多选 1～2 家作为供应储备，以保证水泥及粉煤灰的正常供应。再如对灌浆设备进行及时保养和维修，对易损部件备足配件，按照前期摸索出的使用期限，不论好坏，强制规定灌注 2～3 段浆液后必须更换配件，做到防患于未然，杜绝因灌浆设备损坏造成的灌浆中断事故。

（2）管理能力储备。为了保证塔带机高效运送混凝土，出现故障及时处理，针对皮带机的常见故障制定了应急处理方法。如皮带跑偏调整托辊角度；皮带运行产生干摩擦应在停料时向皮带喷水；皮带打滑采取张紧皮带或减速运行的方法；皮带局部撕裂可用"璜时得"胶局部粘补；发生高压故障时切换真空开关停车或铺设临时高压电缆等。又如为做好夏季防汛工作采取了诸如提前成立防汛领导小组和防汛抢险突击队，准备充足的防汛物资及车辆并加强管理，组织大量人员对供电线路及配电设施进行全面拉网式巡视检查，多次开展大规模的有针对性的反事故演习活动等措施。

（3）人才储备。三峡工程 79 混凝土拌和项目部实施人才库建设。其主要动机为：塔（顶）带机输送线我国首次在三峡工程的成功引用，具有丰富实践经验的塔（顶）带机运行管理的操作手将是紧缺人才和竞争新项目的砝码；项目部职工多来自葛洲坝集团（总承包单位）的多家二级单位，构建人才库有利于对这批职工的继续培训和定向培养。79 项目部人才库的构建，为三峡三期工程拌和系统的建设和运行提供了丰富的人力、技术、管理资源，为三期大坝混凝土的优质施工提供了保证。又如厂坝项目部在 2005 年 2 月底，培养和选拔涉及备仓、浇筑、供应三大类 5 个工种的 35 人的工长人才库作为储备，在 2005 年下半年混凝土浇筑的高峰期，一批优秀的工长被及时选拔推荐到基层队干和管理岗位上，以满足高强度施工要求。

（4）人才培训。三峡三期工程中，施工单位通过劳动竞赛、经验交流及培训等方式，提高职工及农民技工的文化及技术水平，为确保施工质量起到了积极作用。三峡三期工程人才培训内容如图 4.1 所示。

4.2.3 快速反应机制

快速反应机制的关键在于一个"放"字，是指在接力链运行过程中，当出现失控、中断、脱节等异常状态时，能够快速行动并进行及时调整，使其恢复正常的功能模式。

三峡三期工程中的混凝土生产输送计算机综合监控系统[147]，实时监控关键部位的异常情况，为设备的维修工作提供了重要的基础数据。在出现异常情况时，立即开启保障体系，释放储备的"爆发力"，扭转失控、脱节、中断等局面，为确保三期工程大规模浇筑混凝土施工质量提供了有力保障。该系统由混凝土生产运输作业优化调度子系统、视频监控系统、网络与数据子系统、生

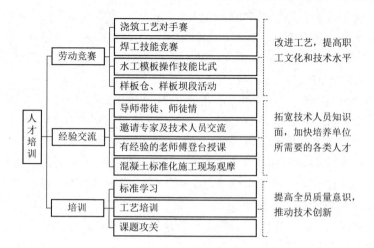

图 4.1　三峡三期工程人才培训内容

产管理与决策子系统及混凝土生产过程检测子系统组成，各子系统之间既相互独立，又相互联系，混凝土生产输送计算机综合监控系统网络拓扑及各子系统功能原理图如图 4.2 所示。

又如三峡三期工程通过建立和完善三个预警机制，即天气预警机制、温度控制预警机制和间歇期预警机制，掌握温控工作的主动权，使其始终保持受控状态。天气预警机制包括高温与气温骤降预警、降雨预警及雷电大风预警，现场生产指挥中心根据天气预报情况向各项目部调度室及时进行通报，各项目部根据天气预报情况科学安排生产，如在仓面设计时对防雨措施提出明确要求，并作出开仓的必要条件，或根据降雨量的大小决定继续浇筑、暂停浇筑或停止浇筑等。混凝土温度控制预警机制包括从混凝土入仓温度、气温、混凝土浇筑温度、混凝土内部最高温升及冷却通水五个方面进行预警，如混凝土最高温度距设计允许值或初期水化热温升过快预警，采取优化配合比、仓面流水养护、加大通水流量等措施；实际浇筑温度到达控制标准以下 2~3℃预警，采取喷雾、加快入仓强度、加盖保温被等措施。混凝土间歇期预警机制包括生产指挥中心建立仓位间歇期统计表，在每天生产会上进行通报，低温季节大坝甲块按 7d 预警，乙、丙块按 10d 预警，生产上进行重点安排，及时调整现场生产资源，使坝体整体均匀上升[163]。

4.2.4　约束机制

接力链技术约束机制的建立在于通过一系列软、硬手段和方法，实现项目施工合同签订的各项目标，其关键在于一个"控"字。

为了确保大坝混凝土的浇筑质量，落实质量责任，利用计算机及互联网技

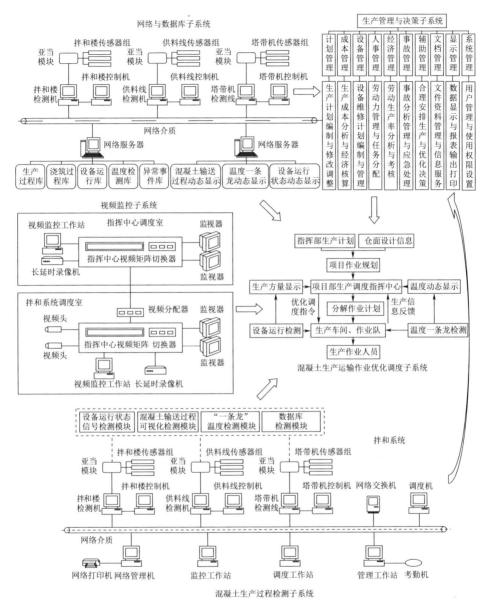

图 4.2 混凝土生产输送计算机综合监控系统网络拓扑及各子系统功能原理图

术建立了以各施工环节责任人为重点的混凝土施工质量档案追溯系统。该系统各施工流程数据是以混凝土浇筑仓为核心的"四棱锥"结构，各流程均与仓位一一对应，工序"仓面准备"和"混凝土生产及运输"的数据流向"混凝土浇筑"，工序"混凝土浇筑"的数据流向"混凝土养护"，工序"混凝土养护"的数据流向下一个仓位，混凝土施工质量档案追溯系统数据结构及流向如图 4.3

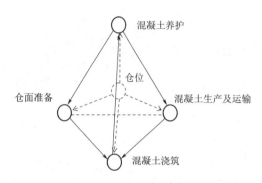

图 4.3　混凝土施工质量档案追溯
系统数据结构及流向

所示。质量档案追溯系统中丰富的信息量和高速查询功能能够准确及时地反映各工序、各环节的质量状态，为混凝土施工过程追溯提供了有力证据，对混凝土施工过程起到了有效的监督作用[164]。

又如三峡工程大坝混凝土浇筑过程模拟系统，可根据施工实际情况，对大坝混凝土施工过程进行模拟。该系统采用二维、三维动态显示，可对大坝建设任何时段的形象进度、浇筑量等进行快速查询；可对工程进度实时控制和动态监控管理；对影响混凝土施工的各因素进行敏感性分析；快速对混凝土浇筑方案进行多方案比较；对加快施工进度和技术措施进行定量分析提供决策依据等，对混凝土施工指挥和决策具有重大意义。

此外，三期工程施工管理系统可对施工工程量、质量、形象进度、成本情况进行系统分析和检查追溯，提高了管理的效率和质量；混凝土项目部针对配置混凝土所需的大石、水、冰等材料的数据繁琐及核对容易出错的薄弱环节实行四方签证制度；厂坝项目部在攻克混凝土质量时总结形成的质量控制新方法，成功地解决了止水（浆）片偏中，模板底口漏浆、错台、挂帘，廊道拱肩砂陷等"顽症"，攻克顽症质量控制新方法见表 4.1；为了确保温控措施的落实，三期厂坝项目部组成了温控领导小组，形成一个自上而下的检查、监控体系，使混凝土的浇筑温度得到有效的控制，温控领导小组组织结构及职责如图 4.4 所示。

表 4.1　　　　　　　　　　　攻克顽症质量控制新方法

方　法	内　容	实施效果
止水（止浆）片施工质量控制法	设计专用定性模板，使用特制围檩背架，采用止水（浆）夹进行固定，周围适当堆高，加强过程监控	解决了止水（浆）片偏中、排水管道堵塞施工的难题
五控制五及时浇筑质量控制法	控制复振时间及方向、控制振捣棒的垂直度及其至模板的距离、控制复振所选用的振捣棒型号、控制浇筑资源配置、控制工艺过程，及时分散骨料、及时排除积水、及时平仓振捣、及时保温护理、及时进行责任考核	提高了过流面、混凝外露面的浇筑质量，达到无气泡
缝面质量控制法	分散骨料、排干积水、振下浮石、抹平脚印、按线收仓、及时护理、严禁占压、专人护面、限时破毛、仅露粗砂	使缝面施工质量全面达到了优良标准

续表

方　法	内　容	实施效果
模板工艺控制法	混凝土面拉线打磨校直后再架立模板，底口贴双面胶，拉条仰角不大于45°，围檩平直贯穿，上钩头加固，加槽楔锁角，保证棱角分明，保证强度、刚度和板面平整度	根本上解决了模板错台、漏浆等问题

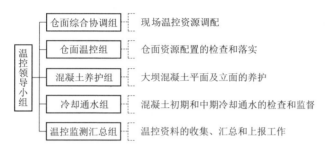

图4.4　温控领导小组组织结构及职责

4.3　接力链技术在大坝混凝土施工质量控制中的应用

4.3.1　接力链技术在导流明渠截流中的应用

为了确保三峡三期工程截流按期完成，避免给后续项目施工造成被动，三峡指挥部以三期工程整体质量为目标，在截流施工前进行了充分的储备，如提前完成截流前的各项生产计划指标使工程形象提前满足计划要求；举行非龙口进占和预进占演习；备料充足（仅用3d时间完成石碴料备料约50000m^3，石碴混合料约13000m^3，反滤料备料约7000m^3，特大石近300块，四面体转运约300多块）；截流前连续两次召开截流施工准备检查会，检查落实机械设备、石料分布、参战人数、施工方式、组织指挥、后勤保障等工作。在截流施工中，施工组织有序高效，大型自卸车进行着不间断的高强度抛投，30多台运输设备参战，机械抢修队巡视在设备中间，备用配件随车服务到现场；针对戗堤出现的滑塌险情，指挥部快速反应并果断采取措施，迅速对滑塌地段调运大量特大石，采取定点高强度抛投，将险情化险为夷。通过运用接力链技术，使整个导流明渠截流过程有条不紊，安全、有序、优质、正点地实现了合龙。

4.3.2　基于接力链无缝交接技术的仓面设计

4.3.2.1　仓面设计内容

三峡三期工程右岸大坝混凝土的浇筑总量达280万m^3。大坝混凝土的施工是三峡三期工程能否按进度要求达到计划目标的关键，为此，三峡三期主体工程选用以塔式皮带机连续运送浇筑为主，辅以大型门塔机和缆机的综合施工方案。为适应塔带机浇筑强度高、入仓速度快的特点，使混凝土施工（包括备仓、预埋件、浇筑等）各工序能更好地对上道工序的"接"，实现"无缝交接"，为快速优质地完成混凝土的施工任务创造前提，推行混凝土单元工程施工组织设计，即仓面设计[165,166]。混凝土仓面设计的内容及步骤见表 4.2，混凝土仓面设计审核流程图如图 4.5 所示。

表 4.2　　　　　　　　　　　混凝土仓面设计的内容及步骤

步骤 1	分析仓面特征	仓面情况	仓面所在的坝段、高程、坝块、方量、面积、施工特点等
		升层厚度	根据入仓手段、结构特点、浇筑难度、仓面面积、气温及温控要求等确定
		混凝土标号级配及钢筋情况	混凝土标号级配符合设计要求、分析钢筋部位的施工难度和浇筑强度
		干扰的因素分析	分析备仓安排、相邻坝块高差及其他平行作业等的影响
步骤 2	确定浇筑参数	浇筑手段	综合考虑混凝土标号切换占用时间、拌和楼维护、钢筋密集区的混凝土振捣、设备性能、盲区平仓等因素
		铺料间歇时间	综合考虑气温影响、温控要求、不同标号混凝土初凝时间等因素
		铺料方法	平浇法、台阶法
步骤 3	确定资源配置	仓面设备配置	平仓机、振捣机、喷雾机、手持振捣机、高压水冲毛机、仓面吊等
		仓面人员配置	仓面指挥、安全员、盯仓质检员、下料指挥、木工、钢筋工、振捣工、预埋工、电工、辅助工及各种值班人员
		仓面工具配置	桶、瓢、锹、平仓专用耙、真空吸管、洒水器等
		其他器材配置	风、水、电畅通，保温被、彩条布等
步骤 4	建立仓面组织管理系统	综合协调系统	协调浇筑过程中出现的各种矛盾、组织处理突发事件
		浇筑系统	浇筑队长对仓位的要料、下料、平仓振捣、温控等负责，确保浇筑质量
		操作系统	调度室负责组织、协调，确保各操作系统正常运行，使拌制合格的混凝土准确、快速入仓
步骤 5	制定质量保证措施		对于浇筑难度大、结构复杂或有特殊要求的仓位，制定专项质量保证措施，作为仓面设计的补充

4.3.2.2　仓面设计实例

本节以三峡三期大坝 TPC/CI-3-1B 右厂坝段 19-2 号甲块（▽108.5m～

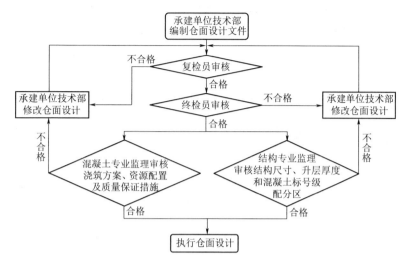

图 4.5 混凝土仓面设计审核流程图

▽ 111.5m）为例，以混凝土品种切换次数尽可能少、浇筑条带布置尽量简化、供料线路短且易操作、来料流程优化、资源配置充足为基本原则，研究仓面设计的过程。

4.3.2.2.1 仓面设计内容

步骤 1：分析仓面特征。仓面所在坝段为右厂坝段 19 - 2 号甲块，起止高程为 ▽ 108.50m ～ ▽ 111.50m，为 3m 升层，19 - 2 号甲块尺寸为 40m×13.3m×3m。该坝块属供料线下的一个仓位，混凝土入仓盲区较大，只能从下游定点下料，且下游面有电梯井，结构复杂，属大体积少筋混凝土仓。设计混凝土品种主要有 $R_{90}150^{\#}D_{100}S_8$ 和 $R_{90}250^{\#}D_{250}S_{10}$。为做到短间歇连续均匀上升，同时控制前后浇筑块高差不大于 6～8m，相邻坝段高差不大于 10～12m。经分析，周边无影响混凝土浇筑的因素，相邻坝块、相邻坝段高差在允许范围内。

步骤 2：确定浇筑参数。

（1）该坝段大坝混凝土主要由高程 150 拌和系统供料，设计生产能力为：常态混凝土 $640m^3/s$，温控混凝土 $500m^3/s$。混凝土浇筑采用 1 台塔带机为主，大型门塔机及缆机为辅的施工方案，主要施工设备布置特性见表 4.3。

（2）坝块为 2004 年 8 月浇筑，属高温季节施工，采用预冷混凝土浇筑施工，浇筑温度控制在 18℃，混凝土坯层覆盖时间以 2.5h 控制。

（3）由于本坝段盲区较大且钢筋密集，浇筑较困难，故采用台阶法浇筑，浇筑坯厚 0.5m，铺料宽度 8m，台阶宽度 4m，入仓强度不小于 $100m^3/h$。

（4）高标号区域冷却水管布置采用 1.5m×1.0m（垂直距离×水平距离），低标号区域冷却水管布置采用 1.5m×1.5m（垂直距离×水平距离），通 10～12℃制冷水，通水时间 10～15d，单根水管长度不大于 200m，通水流量不小于 25L/min。

（5）塔带机浇筑四级配混凝土特大石减少 5％，用 40cm 厚富浆混凝土垫底。

（6）电梯井钢筋网间距@15～20cm，且周边 2m 范围以同标号 3 级配替代 4 级配混凝土。

表 4.3　　　　　　　　　　　主要施工设备布置特性

设备名称	编　号	型　号	布置部位	主要控制范围	控制高程/m
塔带机	TB9 号	TB2400	19－2 号坝段	右厂 18－1 号～20 号坝段	165
高架门机	高 8 号	SDTQ1800	120 栈桥	右厂排～20 号坝段	185
高架门机	高 3 号	SDTQ1800	上游 58m 平台	15 号坝段～20 号坝段	115

注　施工设备布置参见图 5.6。

步骤 3：确定资源配置。

（1）人员配置：盯仓质检员 1 人、仓面指挥员 1 人、下料指挥员 1 人、专职安全员各 1 人，浇筑工 11 人，辅助浇筑工 3 人，值班木工、钢筋工、预埋工、电工各 1 人，各工序值班、带班人员 1 人。

（2）主要机械设备：摇摆式喷雾机 2 部、手持式振捣棒 5 个、平仓机 1 台、8 头平仓振捣机 1 台。

（3）仓面工具配置：配置桶 2 个、瓢 2 个、锹 3 把、混凝土浇筑专用耙 2 把、真空吸管 3 支、洒水器 2 台。

（4）其他器材配置：保温被及防雨布各 600m²，少量搭设活动防雨棚所需钢筋。

步骤 4：建立仓面组织管理系统。

（1）综合协调系统：确定浇筑手段、开仓时间及拌和楼。

（2）浇筑系统：浇筑队长指挥仓位的要料、下料、平仓振捣、温控等。

（3）操作系统：调度室负责总体协调、组织。

步骤 5：本仓号为 3m 升层且为夏季混凝土施工，承建单位提出了《三期工程右岸大坝采用 3m 层厚混凝土浇筑施工补充技术要求》，对模板、混凝土浇筑温度、冷却水管布置、初期通水、层间间歇期、混凝土养护等方面进行了补充说明，作为仓面设计的补充，并在仓内进行技术交底。

4.3.2.2.2　仓面设计执行情况

仓面设计由承建单位技术部制定，经施工复检员、施工终检员及监理工程师审核合格后执行。19-2 号甲块属供料线下的一个仓位，混凝土塔带机入仓盲区较大。根据仓面设计要求，一个班组往往会换料 10 余次，稍有不慎，就会带来骨料分离、坍落度损失等严重后果。为此，各浇筑班组合理安排劳动力，采用平仓铲集中堆料，辅助 3～4 人分散骨料；确保有序振捣，先平仓后振捣，严格控制振捣时间；认真按仓面设计要求，平仓分层，控制堆料和每一摊层高度。各班组精心组织，认真按照无缝交接技术进行班组交接，确保厂坝最难的这个仓位满足进度计划的要求。各班组严格按照仓面设计执行，有序均衡施工，单元工程质量评定为优良。2004 年 9 月，从三期厂坝 19-2 号甲块取出 14.46m 长的完整岩芯，芯样表面光滑，骨料分布均匀，骨料表面握裹密实，各施工层间胶结良好，这是实施仓面设计及混凝土浇筑班组优质施工的真实见证，也是三峡厂坝工程一流质量的真实写照。仓面设计使混凝土施工各工序能更好地对上道工序的"接"，实现"无缝交接"，为快速优质地完成混凝土的施工任务创造前提。

4.3.3 基于接力链网络技术的大坝混凝土施工质量控制

三峡工程三期大坝混凝土浇筑过程中采用了接力链网络技术对进度、质量进行控制，取得了良好的效果。本书以右岸厂房 15～20 号坝段 120 栈桥形成前某高程连续浇筑的三仓混凝土为例进行说明。

三期大坝 TPC/CI-3-1B 标段右厂 15～20 号坝段每个坝段分为 25m 和 13.3m 两块，其中 25m 宽的坝段在高程 108.50m 处设有电站厂房引水管进水口，坝下游为直径 12.4m 压力钢管。该坝段第一条纵缝桩号为 20+035.000m，第二条纵缝桩号为 20+075.000m。该坝段大坝混凝土主要由高程 150 拌和系统供料，设计生产能力为：常态混凝土 640m³/h，温控混凝土 500m³/h，该拌和系统 1 号楼（郑州楼 4×4.5m³）向 3-1B 提供混凝土，混凝土供料采用"一机一带"的布置方式。混凝土浇筑采用 2 台塔带机为主，门塔机为辅的施工方案，2 台 TC2400 塔带机分别布置在 16-2 号坝段和 19-2 号坝段中部，编号为 10 号 TB 和 9 号 TB（主要控制范围为右厂 18-1 号～右厂 20 号）。两台门机布置在上游高程 58.00m 平台，作用为调运大坝甲、乙块材料入仓，兼作混凝土浇筑辅助手段和金结安装手段。120 栈桥形成前大坝混凝土施工平面图如图 4.6 所示。

4.3.3.1 接力链网络图绘制

以图 4.6 中标示的 18-1 号乙丙块，18-2 号乙块连续浇筑的 3 仓混凝土为例开展实例研究。18-1 号乙丙块采用台阶法浇筑，台阶宽度大于等于 5m，浇筑强度 100m³/h，18-2 号乙块采用平铺浇筑法，浇筑强度 80m³/h。18-1

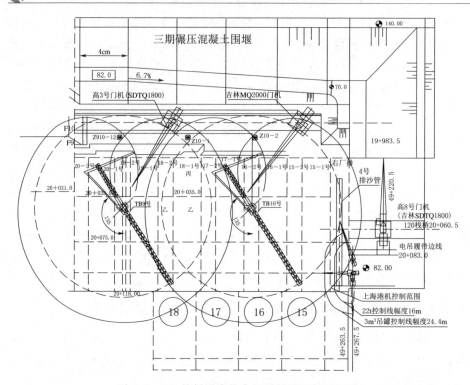

图 4.6　120 栈桥形成前大坝混凝土施工平面图

号乙丙块及 18－2 号乙块均为 3m 升层。18－1 号丙块尺寸为 35m×25m×3m，乙块尺寸为 40m×25m×3m，18－2 号乙块尺寸为 40m×13.3m×3m。

大坝混凝土施工主要有五道工序：A 支立模板；B 绑扎钢筋及预埋件；C 浇筑混凝土；D 破毛；E 混凝土养护。本例中的 18－1 号乙丙块及 18－2 号乙块三个仓位上下左右四方立模，上下采用 3.0m×2.1m、2.4m×2.1m 多卡平面钢模板，左右采用键槽模板，钢筋单排上引，预埋件主要有：坝体排水管、止水、冷却水管及灌浆预理系统等。在接力链网络图中以 A_1、B_1、C_1、D_1、E_1，A_2、B_2、C_2、D_2、E_2 分别表示 18－1 号丙块、18－1 号乙块混凝土施工的各工序，A_3、B_3、C_3、D_3、E_3 表示 18－2 号乙块混凝土施工的各工序，三峡三期工程大坝混凝土施工接力链网络图如图 4.7 所示。

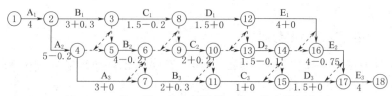

图 4.7　三峡三期工程大坝混凝土施工接力链网络图

4.3.3.2　接力势计算

（1）仅有两个紧前工序的接力势计算。以图4.7中混凝土养护 E_2 及破毛 D_3 为例进行说明。E_2、D_3 为接力点17的紧前工序，两工序间存在协作及资源的调配，接力链网络的平均速度 $v_0 = 1.76$（18 - 1号乙丙块及18 - 2号乙块三仓混凝土浇筑工作速度的平均值），两工作的人员配置、难易程度、计划时间及设备配置情况如下：计划时间 $T_{E2} = 4\mathrm{d}$，$T_{D3} = 1.5\mathrm{d}$；人员配置及人数，E_2 为工程师1人，助理工程师1人，技术员4人，D_3 为技术员3人；难易程度 $1/N_{E2} = 1/N_{D3} = 0.8$；设备配置及使用率 $P_{E2} = P_{D3} = 0.95$，$S_{E2} = S_{D3} = 0.95$，则 $v_{E2} = 2.166$，$v_{D3} = 1.444$。

由表2.2的计算公式"$v_A > v_0 > v_B$，$T_{A0} > T_{B0}$，$(v_0 - v_B)T_B/v_B < T_{A0} - T_{B0}$，且 $(v_A - v_0)T_{A0}/v_A < T_{A0} - T_{B0} - (v_0 - v_B)T_B/v_B$，则 $H_A = (v_A - v_0)T_{A0}/v_A, H_B = 0$"可得 $H_{E2} = 0.75\mathrm{d}$、$H_{D3} = 0$。

（2）多个紧前工序的接力势计算。以混凝土浇筑 C_1、钢筋绑扎及预埋件 B_2 和支立模板 A_3 为例进行说明。C_1、B_2 为接力点9的紧前工作，则 C_1、B_2 相关；B_2、A_3 为接力点7的紧前工作，则 B_2、A_3 相关，因此 C_1、B_2、A_3 三者相关，三者间存在协作及资源调配。

三项工作的人员配置、难易程度、计划时间及设备配置情况如下：计划时间 $T_{C1} = 1.5\mathrm{d}$，$T_{B2} = 4\mathrm{d}$，$T_{A3} = 3\mathrm{d}$；人员配置及人数，C_1 为助理工程师1人，技术员4人，B_2 为工程师1人，助理工程师1人，技术员5人，A_3 为助理工程师1人，技术员5人；难易程度 $1/N_{C1} = 0.55$，$1/N_{B2} = 1/N_{A3} = 0.7$；设备配置及使用率 $P_{C1} = P_{B2} = P_{A3} = 0.9$，$S_{C1} = S_{B2} = S_{A3} = 0.95$。则 $V_{C1} = 2.079$，$V_{B2} = 1.843$，$V_{A3} = 1.512$。

C_1、B_2 及 A_3 的自有资源富余量 ZF（即自由时差 FF 带来的资源富余量）：$ZF_{C1} = 0$，$ZF_{B2} = 0$，$ZF_{A3} = FF \times v_{A3} = 1.512$。$C_1$、$B_2$ 及 A_3 的资源富余量 DF：$DF_{C1} = (v_{C1} - v_0)T_{C1} = 0.4785$，$DF_{B2} = (v_{B2} - v_0)T_{B2} = 0.328$，$DF_{A3} = (v_{A3} - v_0)T_{A3} - 0.744$。由于 $ZF_{A3} > |DF_{A3}|$，$(DF_{C1} + DF_{B2})/(v_{C1} + v_{B2}) = 0.2 < (ZF_{A3} + DF_{A3})/v_{A3} = 0.51$，故 $H_{C1} = H_{B2} = (0.4785 + 0.328)/(2.079 + 1.843) = 0.2$，$H_{A3} = 0$。

4.3.3.3　工序接力流程

以18 - 1号乙块工序 B_2 钢筋绑扎及预埋件为例进行说明。

（1）研究本道工序：研究施工难点如钢筋密集部位、预埋检测设备部位、预埋冷却水管部位，研究施工中钢筋绑扎与预埋件的交叉施工及人员设备配置情况等。

（2）研究上道工序：上道工序传来时要满足本道工序的要求，如安装模板表面光洁、平整，结构具有足够的稳定性、刚度、强度且接缝严密。

（3）接工序准备：研究交接过程中的临时性、突发性、不确定性的交接措施，如人员配备不足，设备使用率低，材料短缺或返工情况下的交接。接完工序后要以优质、低耗和激进的姿态完成钢筋绑扎及预埋件的施工，在工序三检合格后，研究下道工序的施工特点，如入仓混凝土标号级配、混凝土运输方式、入仓手段、浇筑方法、施工工艺流程和资源等。

（4）交工序准备：认真检查本道工序的作业结果是否满足下道工序的要求，如钢筋的间排距是否满足要求，预埋件是否有漏埋错埋的情况，仓面上引冷却水管是否采用顶端加盖或将管端打扁焊死等保护措施等，按照要求解答与浇筑混凝土交接过程中可能提出的各种问题。在施工接力自检及监理跟踪检查合格后交工序。

4.3.3.4　关键路径求解

根据 2.1.4.3 小节可以成功地找到所有关键路线以及关键路径的长度，关键路径的运行结果见表 4.4。

表 4.4　　　　　　　　　　　关键路径的运行结果

j	-->	k	dut	ee	el	tag	j	-->	k	dut	ee	el	tag
V1		V2	4.0	0	0	*	V9		V10	2.2	12.6	12.6	*
V2		V4	4.8	4.0	4.0	*	V10		V13	0	14.8	14.8	*
V2		V3	3.3	4.0	5.5		V10		V11	0	14.8	14.8	
V3		V8	1.3	7.3	9.4		V11		V15	1.0	14.9	16.9	
V3		V5	0	8.8	8.8		V12		V16	4.0	10.1	12.2	
V4		V7	3.0	8.8	11.6		V12		V13	0	10.1	12.2	
V4		V5	0	8.8	8.8	*	V13		V14	1.4	14.8	14.8	*
V5		V6	3.8	8.8	8.8	*	V14		V16	0	16.2	16.2	*
V6		V9	0	12.6	12.6	*	V14		V15	0	16.2	16.2	
V6		V7	0	12.6	12.6		V15		V17	1.5	16.2	17.9	
V7		V11	2.3	12.6	14.6		V16		V17	3.2	16.2	16.2	*
V8		V12	1.5	8.6	10.7		V17		V18	4.0	19.4	19.4	*
V8		V9	0	8.6	10.7				最长路径长度：23.4				

4.3.3.5　实施效果分析

计划工期为 24.5d，接力链网络计算工期为 23.4d。接力链网络技术较常用的计划评审技术有着如下绝对的优势：

（1）考虑工序的协作、交叉施工及资源调配，重视工序开工、作业、结束的过程性，在缩短工期的基础上，保证工序施工质量。

（2）工序交接流畅，资源优化配置，各工序不仅可以优质、高速、低耗地完成任务，而且为上下道工序的高速、优质、低耗地完成任务创造优越条件。

4.3.4 基于接力链螺旋循环技术的大坝混凝土冷却通水质量控制

接力链螺旋循环技术已成功应用于三峡三期工程大体积混凝土施工的质量控制中，现以改进高温季节 3m 升层同仓号（b 仓）存在不同标号混凝土的个性化通水方法为例说明其应用。

为了确保三峡三期工程 2006 年 5 月大坝全线达到高程 185m，在三期厂坝钢管坝段甲块进水口封顶后，从高程 123.00m 以上开始采用 3m 升层施工方案[167]。3m 升层需要解决的主要问题之一是高温季节混凝土温控，而同仓号存在不同标号混凝土的温控又是重点和难点。下面将研究业主方（统筹、协调、综合管理等职责，A）、设计方（P）、监理方（C）及施工方（D）如何通过相互协调，充分发挥各自职能，成功实现 b 仓的温控目标。

P 阶段：计划的制定。施工人员在即将完成 e 仓（b 仓的前一仓）混凝土浇筑，准备制定 b 仓的备仓计划时，发现 b 仓为 3m 升层且存在不同标号混凝土，由于刚开始采用 3m 升层施工，原有设计方案仅说明高温季节 3m 升层混凝土浇筑冷却水管的布设：混凝土仓位底部布置一层黑铁冷却水管（φ25），间距 1.5m；在混凝土浇筑一半的水平面上布置一层塑料冷却水管（φ32 高密聚乙烯 HDPE），间距 1.5m，但没有关于同仓位存在不同标号混凝土的冷却水管布置方案。施工方一方面继续进行 e 仓的混凝土浇筑施工；另一方面，第一时间将该情况反映给业主方、设计方及监理方。

业主方、监理方及设计方收到施工方反映的情况后，令各驻现场人员会同施工人员深入了解情况，收集当前气温、大坝混凝土温度、通水水温等资料，并于 4h 后，在施工现场由业主方主持召开四方会议，共同探讨冷却水管的布置方案。

施工方建议，由于高标号混凝土水化热产生的热量较大，可在高标号混凝土底层及中间层均布置间距为 1m 的黑铁管，低标号区按原设计要求布置。监理方对以上方案提出异议，认为若采取以上方案，在通水冷却后可能导致高低标号混凝土内部温度分布不均匀，可能导致裂缝，故建议不改变冷却水管的布置，而采取高低标号混凝土初期通水时通不同流量、不同水温的冷却水，从而使混凝土内部温度分布均匀。设计方认为施工方及监理方的建议均存在合理性，但还需进一步计算验证。业主方决定次日再次召开四方会议，确定冷却水管的布设方案。

　　第一次会议后，设计方参考现场收集数据、相关技术标准、以往高标号区冷却水管的布设方案及施工方与监理方的实施建议，并进行相关的计算与核算，初拟实施方案，次日会议上与各方探讨。设计方提供方案：高标号区混凝土底层黑铁管加密布置，间距 1.0m，中间层塑料管加密布置，间距 1.0m。但监理方和施工方仍提出混凝土内部温度不均匀的问题，设计建议：浇筑仓内增加测温管的布置，加强对高标号混凝土内部最高温的观测，根据时时温度测量值控制冷却水管流量与通水时间，从而解决混凝土内部温度不均匀问题。至此，各方达成统一意见，随后，设计制定了具体的措施计划。

　　"P"与"D"交接：设计方检查制定方案的时效性、可行性，向施工方说明方案实施的重点难点，施工方积极地研究方案，对方案的疑点主动向设计询问。D阶段，方案的实施：施工方认真地按照措施计划布置冷却水管及测温仪，业主方、设计方及监理方在施工中给予协作和支持，如业主方（或监理方）协调施工中的资源配置，设计方为施工方提供技术支持等。"D"与"C"交接：施工方在完成冷却水管布置之前，提前告知监理方，监理方提前进入检查状态，以缩短施工方与监理方的交接时间。"C"阶段，检查：监理方通过旁站、巡视检查、抽检等方式对冷却水管间距、测温管埋设等进行过程控制与检查，将执行结果与预定目标对比分析，并及时将检查结果反映给参建各方。"C"与"A"交接：监理方将检查数据、检查结果提供给业主方，业主方就相关疑点与监理方沟通、询问。"A"阶段，处理：业主方根据监理方提供的检查结果，召开四方会议，认为施工方冷却水管的布置已达到设计要求，但是否可确保混凝土内部温度分布均匀，还需要在 b 仓开仓后，根据测温管的测量数据，制定初期通水的流量与通水时间。由此进入下一个 RCH 螺旋环，解决初期通水的相关问题。

　　通过 RCH 循环技术的应用，最终形成了高温季节 3m 升层同仓号存在不同标号混凝土个性化通水方法（仅描述与其他部位个性化通水的不同之处）[167]：

　　（1）在混凝土仓位底部布置一层黑铁管，高标号区域间距按 1.0m 控制，低标号区域间距按 1.5m 控制，在混凝土浇筑高度一半的水平面上布置一层塑料冷却水管，高标号区域间距按 1.0m 控制，低标号区间距按 1.5m 控制。

　　（2）浇筑仓内分区域增布测温管。

　　（3）开仓即通制冷水，前 3～5d 采用大流量（25～30L/min）通水，待最高温度出现后，改成小流量（18～20L/min）通水，有效控制混凝土内部最高温度，并防止对混凝土冷却过速。

　　（4）为避免初期通水冷却造成同仓号内高、低号区混凝土内部温度分布不均匀，初期通水时间低标号区按 7～10d，高标号区按 10～14d 控制。

4.3.5 基于工期分布、多资源约束及接力势的关键链缓冲区大小计算研究

关键链项目管理（critical chain project management，CCPM）是在关键路径法的基础上加入约束理论，它以项目整体最优为原则，不仅考虑了工序的执行时间及工序间的逻辑关系，而且考虑了人的行为因素、不确定因素和工序之间的资源约束，它能最大限度地调动人员的积极性，减少学生综合症、帕金森综合症、墨菲定律等造成的项目进度延误，并有效地缩短工期。

关键链缓冲区的设置是关键链项目管理的核心，一般分为作为资源预警的资源缓冲（resource buffer，RB）、减少非关键工作不确定性的汇入缓冲（feeding buffer，FB）及吸收整个项目风险的项目缓冲（project buffer，PB）。缓冲区在一定程度上消除项目中的不确定性因素对项目执行计划的影响，其大小及设置方法直接决定着项目计划工期。

关键链缓冲区大小确定的经典方法主要有 Goldratt[168] 提出的剪切粘贴法和 Newblod[169] 提出的根方差法；Herroelen[170,171] 认为剪切粘贴法计算的缓冲区大小会随着项目规模的扩大而线性增加，造成缓冲区过大，根方差法适用于大型项目，并依赖于管理者的经验；杨立熙等[172] 通过仿真模拟验证了 Herroelen 的观点，指出工序数大时剪切粘贴法过于保守，根方差法过于乐观，工序数中等时两种计算方法都未达到较高的完工概率，同时提出了基于工序数大小、执行时间及开工柔性程度相关属性的缓冲区计算方法。Tukel[173] 提出了考虑资源紧张度和网络复杂性的缓冲区计算方法；蒋国萍[174] 考虑了资源约束并采用"时间风险量=风险概率×风险时间"的风险评估技术为关键链配置缓冲区；王雪青等[175] 提出了多资源约束下的进度规划模型并对各风险进行分析，改进了缓冲区计算模型；刘士新等[176] 采用 RCPSP 理论与方法，运用启发式算法，提出了考虑资源约束下的自由时间及根方差法计算缓冲区的方法。Radovililsky[177]、周阳等[178] 认为缓冲区大小的确定相当于排队系统的优化问题，综合考虑项目成本因素提出了单资源约束下缓冲区大小的计算方法。Hoel 等[179] 采用蒙特卡罗仿真实验，通过计划完工的期望概率确定项目缓冲区的大小，根据活动的自由时差确定汇入缓冲的大小；Rezaie 等[180] 根据活动的变异系数大小将活动分为三类，不同类型的活动以不同公式计算安全时间；Fallh 等[181] 基于每个活动工期分布的 3 个形状参数，计算汇入缓冲和项目缓冲。Long 等[182] 提出了模糊关键链方法确定项目缓冲的大小；Luong 等[183] 采用模糊数描述活动工期，采用模糊根方差法计算项目缓冲；仲刚等[184] 提出了利用三角模糊数描述活动工期的不确定性，考虑了项目网络结构的特点对接驳缓冲的大小进行了修正；李建中等[185] 采用模糊层次分析对工序位置、工序执

行时间的不确定性、资源紧张度、工序复杂度、工序关键性及管理者风险偏好等 6 个因素赋权，采用蒙特卡罗仿真模拟验证了缓冲区设置的可行性和有效性；张俊光等[186]运用熵权法评估项目不确定性，考虑资源约束，对项目工期进行估计，利用模糊数学方法确定离散程度，得出基于熵权法的关键链项目缓冲区计算模型。Shou[187]考虑了不同类型项目活动的不确定性程度以及管理者的风险偏好；Wei 等[188]提出了利用关键路径长度与关键链长度的比率和项目柔性系数确定缓冲区大小；曹小琳等[189]综合考虑工序持续时间的不确定性、项目管理者风险偏好、资源约束、工序的复杂程度以及项目开工柔性程度等因素提出了综合属性特征的缓冲区计算方法；Tukel[190]提出了考虑资源利用程度和项目复杂程度的缓冲区大小确定方法；褚春超[191]提出了项目资源紧张度、网络复杂度及管理者风险偏好对缓冲区大小影响的计算方法；胡晨等[192]提出了一种综合考虑活动工期风险、资源影响系数和非关键链剩余缓冲等影响因素的关键链缓冲区大小确定方法；徐小峰等[193]提出了风险偏好水平、资源约束、网络复杂度等多因素扰动的缓冲设置模型和基于 WEIBUU - BAYES 的缓冲动态调整控制联动模型。

以上学者提出的改进方法，主要以根方差法为基础，考虑工期分布、多资源约束、管理者风险偏好及开工柔性等因素，但仍存在局限性：①不能客观度量活动工期风险；②多资源约束及资源调度没有从项目整体资源供应限量考虑；③自由时差修正汇入缓冲，会出现一部分风险没有被计入到缓冲区中；④没有考虑工序交接及节点紧前工作的相互协作、交叉施工及资源共享等问题。

针对以上局限性，本书在已有研究的基础上引入了接力势的概念，提出一种综合考虑活动工期风险、资源影响系数、工序接力势及非关键链汇入等影响因素的关键链缓冲区大小计算方法。该方法主要有以下改进：①采用三参数 β 分布对工期进行仿真模拟确定活动安全时间；②考虑项目多资源约束的影响；③工序接力势对初始缓冲区大小的影响；④剩余缓冲区大小的计算方法；⑤提出项目缓冲区大小计算的改进模型。

4.3.5.1　影响缓冲区大小的因素及计算模型

4.3.5.1.1　工期风险对缓冲区大小影响的计算方法

假设工序工期服从三参数 β 分布，令工序最乐观时间 a、最可能时间 m 和最悲观时间 b。采用水晶球软件（版本号：11.1.2.4.000）对工序工期进行蒙特卡罗仿真模拟，对于工序 i，记 95% 置信度对应的工期估计值 $T_{95\%}$ 为 D_i，50% 置信度对应的工期估计值 $T_{50\%}$ 为 E_i，工序工期安全时间为 st_i，则

$$st_i = D_i - E_i \tag{4.1}$$

4.3.5.1.2 多资源约束对缓冲区大小影响的计算方法

不同工序同时间段 n 内占用多种同资源时，使工序在资源使用时受到限制，其主要受资源需求量 r、平均需求量 $\bar{r}$ 及供应限量 R 的约束，记工序 i 所需的第 l 种资源的需求量 r^l 与供应限量 R^l 的比值为资源利用率 $\delta_i^l = \dfrac{r^l}{R^l}$，资源的平均需求量 $\bar{r}^l$ 与供应限量 R^l 的比值资源受限系数 $\varepsilon^l = \dfrac{\bar{r}^l}{R^l}$，$\delta_i^l$、$\varepsilon^l$ 越大则证明资源受限程度越大，对资源需求强度越大，该部分需要的缓冲就越大。资源影响系数 R_i 为[174]

$$R_i = \sum_{i \in n} \delta_i^l \varepsilon^l \tag{4.2}$$

4.3.5.1.3 工序接力势对缓冲区大小影响的计算方法

定义 1[194]：接力势是指在接力链网络中接力点的紧前工作，通过相互协作、交叉施工及资源的调配后所具备的资源。

在接力链网络计划中，令工序 i 的接力势为 G_i，当 $G_i < 0$ 时，表明该工序需要资源补偿；当 $G_i = 0$ 时，表明该工序不需要资源补给；当 $G_i > 0$ 时，表明该工序有资源富余。工程按计划施工的人均平均速度 v 为

$$v = \frac{\sum Q_i}{\sum T_i \sum\limits_{j=1}^{n} Y_{ij}} \tag{4.3}$$

式中：Q_i 为第 i 个工序的工程量；T_i 为第 i 个工序的持续时间；Y_{ij} 为第 i 个工序第 j 种职称的人数。在考虑各工序难易程度、交叉施工时人材机的差异系数及机械设备的使用率时，工序 i 的人均施工速度 v_i 为

$$v_i = \frac{Q_i}{T_i} \eta_i \tag{4.4}$$

$$\eta_i = \frac{\mu_i \varphi_i \alpha_i PMN}{\sum\limits_{j=1}^{n} Y_{ij}} \tag{4.5}$$

$$\alpha_i = \frac{\sum\limits_{j=1}^{n} E_{ij} Y_{ij}}{\sum\limits_{j=1}^{n} Y_{ij}} \tag{4.6}$$

式中：η_i 为工序 i 的综合能力指数；α_i 为工序 i 人员的平均素质[112]；φ_i 为工序 i 交叉施工时各班组穿插工作、工作面的划分或技术差异的效率系数；M 为设备的配备率；N 为设备的使用率；μ_i 为资源储备系数；P 为工序的难易程度；E_{ij} 为第 i 个工序第 j 种职称权重，人员职称权值分配表见表 4.5。

表 4.5　　　　　　　　　　　　　人员职称权值分配表

职称	教授	副教授（高工）	工程师	助理工程师	技术员及以下
权值	9	7	5	3	1

4.3.5.2　缓冲区的计算

4.3.5.2.1　构建初始缓冲区计算模型

综合考虑工期风险、多资源约束及接力势作用，第 c 条线路初始缓冲区 $buffer_c$ 为

$$buffer_c = \sqrt{\sum_{i \in c} \left[(1 + R_i) st_i \right]^2} - \sum_{i \in c} G_i \qquad (4.7)$$

4.3.5.2.2　汇入缓冲区大小的设置

在计算汇入缓冲区大小时，为避免非关键链开始时间早于关键链或加入汇入缓冲后关键路线发生改变，汇入缓冲区的大小取初始缓冲与自由时差中的较小值，故第 c 条非关键链的汇入缓冲区的大小为

$$FB_c = \min(FF_i, buffer_c) \qquad (4.8)$$

非关键链的最后的工序 i 的自由时差计算公式为

$$FF_i = \min_{j \in S_i} (ES_j - EF_i) \qquad (4.9)$$

式中：FF_i 为工序 i 加入资源约束后的自由时差，ES_j 为活动 i 紧后活动 j 加入资源约束后的最早开始时间；S_i 为活动 i 的所有紧后工作的集合。

4.3.5.2.3　剩余缓冲区大小的确定

当汇入缓冲大于活动的自由时差，为保证关键链上工序的连续执行，将大于自由时差部分的汇入缓冲提取出来，将该部分缓冲加入到项目缓冲中，用于吸收该部分风险，剩余缓冲记为 K，则第 c 条非关键路径的剩余缓冲 K_c 为[192]

$$K_c = \begin{cases} buffer_c - FF_i, & buffer_c > FF_i \\ 0, & buffer_c \leqslant FF_i \end{cases} \qquad (4.10)$$

当第 c 条非关键路径与第 c' 条非关键路径上的汇入工序在同一节点时，此时的剩余缓冲为 K^*：

$$K^* = \max(K_c, K'_c) \qquad (4.11)$$

4.3.5.2.4　项目缓冲区大小的确定

综合考虑安全时间、多资源约束、接力势及剩余缓冲影响下的项目缓冲区 PB 计算公式为

$$PB = \sqrt{\sum_{i \in cc} \left[(1 + R_p) st_i \right]^2} - \sum_{i \in cc} G_i + \sum K^* \qquad (4.12)$$

式中：cc 为项目的关键路径工序的集合。

4.3.5.3 实例分析

4.3.5.3.1 项目概况

某工程项目网络计划由 A~I 9 个工作组成，网络计划进度如图 4.8 所示，各工作的时间参数（最乐观时间、最可能时间、最悲观时间）如图 4.8 所示，该项目由 3 种资源约束，各工作资源需求量及供应限量见表 4.6，资源 1、资源 2、资源 3 的供应限量分别为 8、1、2。

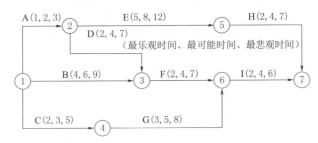

图 4.8　网络计划进度图

表 4.6　　　　　　　　各工作资源需求量及供应限量

工作编号	A	B	C	D	E	F	G	H	I	资源供应量
资源 1	4	6	2	2	5	3	4	4	3	8
资源 2	1	0	0	1	1	0	0	0	1	1
资源 3	1	1	0	1	1	1	1	1	0	2

4.3.5.3.2 蒙特卡罗仿真模拟求关键路径

采用 Crystal Ball 软件对项目各工序进行蒙特卡罗仿真模拟，抽取 2000 次仿真结果，取 $T_{50\%}$ 为各工序的活动时间，即安全时间 $st_i = T_{95\%} - T_{50\%}$，经蒙特卡罗仿真模拟后的网络计划进度图如图 4.9 所示。以 D 工序为例，D 工序的仿真频数分布图如图 4.10 所示，可得 $T_{95\%} = 5.77$ (d)，$T_{50\%} = 4.13$ (d)，$st_D = 1.64$ (d)，蒙特卡罗模拟仿真后的关键路径为 B-F-I。

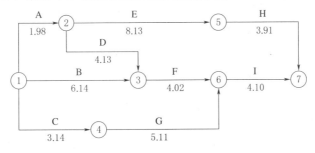

图 4.9　经蒙特卡罗仿真模拟后的网络计划进度图

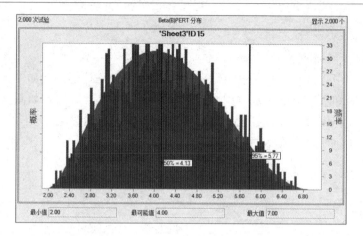

图 4.10　D 工序的仿真频数分布图

4.3.5.3.3　加入资源限制后关键路径的求取

项目在资源受到限制时，网络计划进度图随资源限制发生调整，考虑资源约束的网络计划进度图如图 4.11 所示。考虑资源约束后的项目关键路径为：B-A-D-E-I，项目的活动工期为 24.48d。

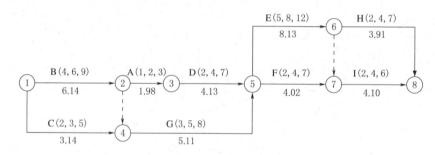

图 4.11　考虑资源约束的网络计划进度图

4.3.5.3.4　接力势的计算

以 D 工序及 G 工序为例，D、G 为节点 5 的紧前工作，D 工作人员配：高级工程师 1 名，工程师 1 名，助理工程师 1 名，技术员 3 人；G 工作人员配：工程师 1 名，助理工程师 1 名，技术员 4 名；各工序穿插施工、人员交叉施工技术差异系数 $\varphi=0.90$；工序难易程度 $P_D=0.90$，$P_G=0.8$；工序 D、G 的设备配置率 $M_D=M_G=0.95$；设备利用率 $N_D=N_G=0.95$；D、G 工序计划时间 $T_D=4.13d$，$T_G=5.11d$；该项目接力网络平均速度 $v=2.01$，则 $v_D=2.67$，$v_G=2.13$。由文献 [194] 中表 2 可知：

当 $v_D>v_G>v$，$T_D<T_G$，$[(v_D-v)T_D+(v_G-v)T_G]/v_G>T_G-T_D$ 时，

$$G_D=[(v_D-v)T_D+(v_G-v)T_G-v_G(T_G-T_D)]/(v_D+v_G)$$

$$G_G = (T_G - T_D) - [(v_D - v)T_D + (v_G - v)T_G - v_G(T_G - T_D)]/(v_D + v_G)$$

则有 $G_D = 0.26$，$G_G = 0.72$。同理计算其他工序接力势，接力势网络进度计划图如图 4.12 所示。

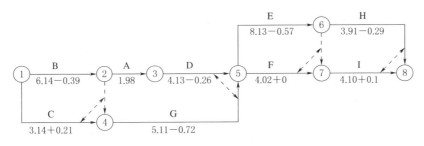

图 4.12　接力势网络进度计划图

4.3.5.3.5　缓冲区的计算

以 G 为例，由式（4.1）～式（4.5）计算项目初始汇入缓冲为 2.26d，由式（4.6）～式（4.11）计算 G 工序的剩余缓冲 1.26d，由式（4.12）计算项目缓冲为 5.97d，缓冲区计算见表 4.7。

4.3.5.3.6　项目总工期的计算

取各工序的 $T_{50\%}$ 的置信度为各工序的活动工期，关键线路中各工序活动时间之和加入项目缓冲后，得总工期为 30.45d。

4.3.5.3.7　对比分析

由文献［192］中表 4.7 及本书计算结果可知，采用蒙特卡罗模拟仿真估计工序活动时间较剪切粘贴法和根方差法更加客观，它解决了剪切粘贴法中缓冲区大小会随项目大小线性增加造成缓冲区过大的问题，而根方差法对风险的估计不足，造成工期不能按期完成；较 APRT 法考虑的资源利用率而言，更加全面地描述了资源对缓冲区的影响，资源调度问题也有效解决了资源冲突的问题，较贴近工程实际；较胡晨的工期活动风险和多资源约束，考虑了工序接力势，更加贴近施工现场的实际情况，使缓冲区的计算方法更加完善，有效缩短了项目工期。

4.3.5.4　结论

本节对关键链缓冲区的计算进行了改进，采用三参数 β 分布仿真模拟安全时间，更加客观地估计了项目工期风险；资源影响系数较全面地反映了项目资源问题；在同一节点处两个及以上工序汇入时，考虑各工序所具有的接力势，在缓冲区中加入接力势，将工序之间的相互协作、交叉施工及资源共享等考虑到关键链项目缓冲区大小的计算中，使缓冲区计算方法更加完善，有效缩短了工期。

表 4.7　缓冲区计算

活动类型	活动序号	活动编号	三参数 β 分布	b－m	中位数 ($T_{50\%}$)	$T_{95\%}$	安全时间 st_i	资源影响系数 R_i	接力势 G	自由时差 FF	初始缓冲 B	剩余缓冲 K	汇入缓冲 FB	项目缓冲 PB
关键链活动	1	A	(1, 2, 3)	1	1.98	2.63	0.65	1.48		0				
	2	B	(4, 6, 9)	3	6.14	7.80	1.66	0.59	0.39	0				
	4	D	(2, 4, 7)	3	4.13	5.77	1.64	1.36	0.26	0				
	5	E	(5, 8, 12)	4	8.13	10.40	2.27	1.54	0.57	0	4.71			5.97
	9	I	(2, 4, 7)	3	4.10	5.75	1.65	1.17	−0.10	0				
非关键链活动	3	C	(2, 3, 5)	2	3.14	4.18	1.04	0.11	−0.21	3.00	2.26	1.26		
	7	G	(3, 5, 8)	3	5.11	6.81	1.70	0.48	0.72	1.00	1.70	0	1.00	
	6	F	(2, 4, 6)	2	4.02	5.22	1.20	0.42	0	4.14	1.70	0	1.70	
	8	H	(1, 4, 6)	2	3.91	5.33	1.42	0.48	0.29	0.19	1.81	0	1.81	

表 4.8　各计算方法的缓冲区大小及项目工期比较

方法名称	方法考虑因素	FB_G/d	FB_F/d	FB_H/d	PB/d	项目计划时间/d
剪切粘贴法	活动安全时间	1.50	1.50	1.50	7.00	31.00
根方差法	活动方差	3.00	3.00	2.00	6.78	30.78
APRT 法	资源利用程度	5.47	5.47	5.47	12.36	36.36
胡晨	工期活动风险、多资源约束	1.15	2.87	2.65	6.44	31.11
本书方法	工期活动风险、多资源约束、接力势	1.00	1.7	1.81	5.97	30.45

4.4　质量损益函数在大坝混凝土施工质量控制中的应用

4.4.1　基于质量损益函数的温控混凝土生产过程均值设计

4.4.1.1　质量损益函数的建立

以三峡三期工程大坝混凝土生产系统夏季温控混凝土出机口温度控制为例，说明最优过程均值的设计及质量损益的计算过程。质量特性目标值为 7℃，出机口温度为 6℃时的质量损失 k_{f1} 为 40 元/m³，出机口温度为 9℃时的质量损失 k_{f2} 为 300 元/m³，质量补偿 $G_f(y)$ 为 60 元/m³。根据给定的参数，建立质量损益函数见式（4.13），混凝土拌和物质量损益计量图如图 4.13 所示。

$$G_f(y) = \begin{cases} 40\,(y-7)^2 - 60 & y \leqslant 7 \\ 75\,(y-7)^2 - 60 & y > 7 \end{cases} \tag{4.13}$$

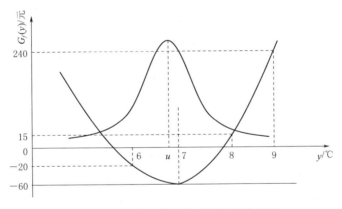

图 4.13　混凝土拌和物质量损益计量图

4.4.1.2　质量损益函数最优均值设计

由式（2.42）和式（4.13）得出调整程度 $\delta_1 = -0.089$，则最优计算均值 $u_1 = 7 - 0.089\sigma$。由于样本容量不足够大及系统误差、操作误差等原因，在实际生产中质量损益最优均值 u_1^* 与最优计算均值 u_1 是存在偏差的。例如，当确定了计算均值 u_1 后，一方面，施工工作人员均以出机口温度 u_1 为控制目标，他们知道出机口温度偏离目标值会造成质量损失；但另一方面，施工人员也知道出机口温度低于 u_1 比高于 u_1 的质量损失要小，而且若在 u_1 的小范围内的偏差，整体是获得质量收益的（比如说，规定用 4℃冷水拌和，当从制冰站输送过来的冷水为 3.8℃，那么工作人员很可能将 3.8℃ 的冷水直接拌和），因此在实际生产中，出机口温度并不完全服从 $N(u_1, \sigma)$ 的正态分布，而是服从偏态分布。

在动差法中，算数平均值被视为总体各单位变量的中心或均衡点，为了反映总体各变量对其中心的偏离程度，采用三阶中心动差[195,196]。动差法的偏态系数为 λ，其中 m_3 为三阶动差。

$$\lambda = m_3/\sigma^3 = \frac{\sum\limits_{i=1}^{n}(x_i - u_1)^3 f_i}{\sum f} \Bigg/ \left[\frac{\sum\limits_{i=1}^{n}(x_i - u_1)^2 f_i}{\sum f}\right]^{\frac{3}{2}} \tag{4.14}$$

当 $\lambda = 0$ 时，表明总体分布对称；当 $\lambda > 0$ 时，表明总体为右偏分布；当 $\lambda < 0$ 时，表示总体为左偏分布。以下是三峡三期工程夏季某时段测得的混凝土拌和物出机口温度（数据来源于葛洲坝集团内部资料）。混凝土拌和物出机口温度统计结果见表 4.9，混凝土拌和物出机口温度总体分布如图 4.14 所示。

表 4.9　　　　　　　　混凝土拌和物出机口温度统计结果

实测温度 /℃	个数 f_i	组中值 x_i	$(x-u_1)^2 f_i$	$(x-u_1)^3 f_i$	实测温度 /℃	个数 f_i	组中值 x_i	$(x-u_1)^2 f_i$	$(x-u_1)^3 f_i$
6.0～6.1	2	6.05	1.36	−1.12	6.9～7.0	21	6.95	0.12	0.01
6.1～6.2	4	6.15	2.10	−1.52	7.0～7.1	16	7.05	0.49	0.09
6.2～6.3	6	6.25	2.34	−1.46	7.1～7.2	12	7.15	0.91	0.25
6.3～6.4	8	6.35	2.21	−1.16	7.2～7.3	7	7.25	0.98	0.37
6.4～6.5	10	6.45	1.81	−0.77	7.3～7.4	5	7.35	1.13	0.54
6.5～6.6	13	6.55	1.37	−0.45	7.4～7.5	4	7.45	1.32	0.76
6.6～6.7	17	6.65	0.86	−0.19	7.5～7.6	2	7.55	0.91	0.62
6.7～6.8	23	6.75	0.40	−0.04	7.6～7.7	1	7.65	0.60	0.47
6.8～6.9	25	6.85	0.02	0.00	7.7～7.8	1	7.75	0.77	0.67

根据表 4.9 中的数据计算得 $\bar{x} = 6.817$，$\sigma = 0.33$，$m_3 = -0.0167$，$\lambda = -0.45 < 0$，故混凝土拌和物出机口温度总体为左偏分布。为了准确地估计质量损益函数的实际最优均值 u^*，须对由式（2.42）和式（2.44）所得最优计算均值 u_1 作出修正，令 u_1 的偏移度为 ρ，则有

$$u^* = u_1(1 \pm \rho) \tag{4.15}$$

式（4.14）中，$\lambda < 0$ 时取"＋"，$\lambda > 0$ 时取"－"，$\lambda = 0$ 时 $\rho = 0$。ρ 的计算方法如下：

$$\rho = \frac{\left|\sum\limits_{i=1}^{n}(x_i - u_1) f_i\right|}{u_1 \sum f} \tag{4.16}$$

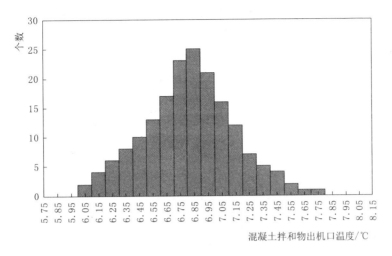

图 4.14　混凝土拌和物出机口温度总体分布

由表 4.9 的计算结果对 ρ 进行验算：式（4.15）中，令 $u^* = u_1 = 0.875$，$u_1 = \overline{x} = 6.817$，$\lambda < 0$，可得 $\rho = 0.00855$，这与式（4.16）计算结果（$\rho = 0.00848$）基本一致。故混凝土拌和物出机口温度设计最优均值 $u^* = u_1(1+\rho) = 6.93℃$。

4.4.2　基于质量损益函数的大坝混凝土施工质量特性容差优化

将基于质量损益函数的容差优化方法应用于三峡三期工程大坝混凝土施工系统质量特性的容差优化与再分配问题，以验证其有效性及可行性。大坝混凝土施工主要包括混凝土生产、混凝土运输、混凝土浇筑及混凝土养护等环节。其中混凝土生产的关键质量指标有混凝土拌和物出机口温度（望小特性，单位：℃）y_1、混凝土拌和物出机口坍落度（望目特性，单位：mm）y_2、混凝土含气量（望目特性，%）y_3；混凝土运输的关键质量指标有：运输时间（望小特性，单位：min）y_4、计量皮带上混凝土厚度（望大特性，单位：cm）y_5、塔带机下料速度（型号 TC2400，望目特性，单位：m/s）y_6；混凝土浇筑关键质量指标：浇筑坯层厚度（望目特性，单位：cm）y_7、振捣时间（$\phi130$ 振捣棒振捣，望目特性，单位：s）y_8、混凝土层间间歇期（望目特性，单位：天）y_9；混凝土养护的关键质量指标有混凝土浇筑后的连续养护时间（望大特性，单位：天）y_{10} 及拆模后的跟进保温时间（望大特性，单位：天）y_{11}。

4.4.2.1　模型输入

针对各质量特性，分别抽取 200 组样本并测量其质量表现值，标准化后可得到 11 组相对质量损益数列 $Y = \{y_1, y_2, \cdots, y_{11}\}$。测量数据的 Cronbach's Alpha 为 0.951，可见采取的样本数据具有良好的信度。通过分析相对质量损益数列 y_i 和 y_j 之间的相关关系，得相对质量损益数列 Y 的下三角协方差矩阵 C：

$$C = \begin{bmatrix} 1 \\ 0.36 & 1 \\ 0.41 & 0.32 & 1 \\ 0.32 & 0.03 & 0.02 & 1 \\ 0.02 & 0.18 & 0.20 & 0.03 & 1 \\ 0.15 & 0.13 & 0.19 & 0.46 & 0.23 & 1 \\ 0.08 & 0.16 & 0.11 & 0.13 & 0.09 & 0.06 & 1 \\ 0.10 & 0.15 & 0.12 & 0.22 & 0.06 & 0.05 & 0.06 & 1 \\ 0.14 & 0.10 & 0.12 & 0.06 & 0.10 & 0.03 & 0.04 & 0.03 & 1 \\ 0.20 & 0.30 & 0.19 & 0.16 & 0.11 & 0.02 & 0.10 & 0.20 & 0.21 & 1 \\ 0.17 & 0.19 & 0.15 & 0.14 & 0.02 & 0.04 & 0.16 & 0.23 & 0.18 & 0.26 & 1 \end{bmatrix}$$

$$(4.17)$$

4.4.2.2　结构方程模型及质量载荷

根据质量特性和混凝土施工工序的隶属关系，构建高阶因子模型如图 4.15 所示。将协方差矩阵 C 输入该模型，经修正后可得各质量特性对大坝混凝土施工工序的质量载荷数据及各施工工序对大坝混凝土施工的质量载荷数据，均列于图 4.15 中对应箭线处。模型拟合度检验结果见表 4.10。

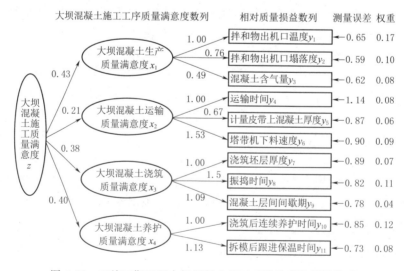

图 4.15　三峡三期工程大坝混凝土施工工序的高阶因子模型

表 4.10 模型拟合度检验结果

指 标	卡方值/自由度	拟合优度指数（GFI）	近似误差均方根（RMSEA）	比较拟合指数（CFI）	增值拟合指数（IFI）	Tucker – Lewis指数（TLI）
评价标准	<2	>0.90	<0.080	>0.95	>0.90	>0.90
模型拟合情况	1.562	0.912	0.061	0.964	0.911	0.967

各质量特性重要性权重由 AHP 及 Delphi 专家法确定，即 $W = \{w_i\}$，结合式 (3.60) 可得大坝混凝土施工各质量特性的相对贡献度 $E = \{e_i\}_{1 \times n}$，见表 4.11。

表 4.11 各质量特性的相对贡献度

质量特性	y_1	y_2	y_3	y_4	y_5	y_6	y_7	y_8	y_9	y_{10}	y_{11}
贡献度	0.198	0.088	0.046	0.045	0.022	0.078	0.072	0.178	0.045	0.130	0.098

根据表 4.11 可以发现，$e_1 = \max\{e_i\}$，表明质量特性 y_1 是大坝混凝土施工的质量瓶颈，施工单位要强化对质量特性 y_1 的质量容差要求。

4.4.2.3 质量特性的容差优化

根据工程技术人员及相关专家的意见，可得各质量特性的最大、最小允许容差和单位改善所需资源情况。结合式 (2.61) ~式 (2.63)，可求得各质量特性的质量改善率，见表 4.12。另设可用于大坝混凝土施工质量改善的资金预算为 200 万元。

表 4.12 各质量特性的质量改善率

质量特性	y_1	y_2	y_3	y_4	y_5	y_6	y_7	y_8	y_9	y_{10}	y_{11}
特性类型	望小	望目	望目	望小	望大	望目	望目	望目	望目	望大	望大
度量单位	℃	mm	%	min	cm	m/s	cm	s	d	d	d
目标值	/	70	5	/	/	3.5	45	25	14	/	/
当前接受值	7	[60, 80]	[4.5, 5.5]	45	10	[3.0, 4.0]	[40, 50]	[19, 31]	[10, 18]	28	7
最高改善值	6	[62, 78]	[4.6, 5.4]	38	12	[3.1, 3.9]	[41, 49]	[20, 30]	[11, 17]	32	8
最高改善率%	16.7	25	25	18.4	20	25	25	20	33.3	14.3	14.3
最低改善值	9	[55, 85]	[4.4, 5.6]	50	9	[2.9, 4.1]	[39, 51]	[18, 32]	[9, 19]	26	6
最低改善率%	−22.2	−33.3	−16.7	−10	−10	−16.7	−16.7	−14.3	−20	−7.14	−16.7
1%改善所需资源/万元	3.2	1.7	1.6	1.8	2.0	1.5	0.9	1.3	0.7	1.8	1.9

容差优化模型的目标函数设计为

$$\max V = 0.198(b_1 + r_{12}b_2 + r_{13}b_3) + 0.088(b_2 + r_{21}b_1 + r_{23}b_3) + 0.046(b_3 + r_{31}b_1 + r_{32}b_2)$$
$$+ 0.045(b_4 + r_{45}b_5 + r_{46}b_6) + 0.022(b_5 + r_{54}b_4 + r_{56}b_6) + 0.078(b_6 + r_{64}b_4 + r_{65}b_5)$$
$$+ 0.072(b_7 + r_{78}b_8 + r_{79}b_9) + 0.178(b_8 + r_{87}b_7 + r_{89}b_9) + 0.045(b_9 + r_{97}b_7 + r_{98}b_8)$$
$$+ 0.130(b_{10} + r_{10,11}b_{11}) + 0.098(b_{11} + r_{11,10}b_{10})$$
$$= (b_1, b_2, b_3)R_1^{\mathrm{T}}(0.198, 0.088, 0.046) + (b_4, b_5, b_6)R_2^{\mathrm{T}}(0.045, 0.022, 0.078)$$
$$= (b_7, b_8, b_9)R_3^{\mathrm{T}}(0.072, 0.178, 0.045) + (b_{10}, b_{11})R_4^{\mathrm{T}}(0.130, 0.098) \tag{4.18}$$

根据工程技术人员经验，对损益容差调整率折算系数赋值，得折算系数矩阵 $\boldsymbol{R}$：

$$\boldsymbol{R}_1 = \begin{bmatrix} 1 & 0.13 & 0.09 \\ 0.08 & 1 & 0.10 \\ 0.11 & 0.15 & 1 \end{bmatrix} \quad \boldsymbol{R}_2 = \begin{bmatrix} 1 & 0.16 & 0.20 \\ 0.12 & 1 & 0.12 \\ 0.21 & 0.14 & 1 \end{bmatrix}$$

$$\boldsymbol{R}_3 = \begin{bmatrix} 1 & 0.09 & 0.08 \\ 0.17 & 1 & 0.13 \\ 0.10 & 0.09 & 1 \end{bmatrix} \quad \boldsymbol{R}_4 = \begin{bmatrix} 1 & 0.18 \\ 0.15 & 1 \end{bmatrix}$$

由式 (2.67)，以大坝混凝土施工整体质量最优改善为目标，考虑质量改善总资源及改善率约束下，构建目标规划模型如下：

$$\max V = 0.210b_1 + 0.121b_2 + 0.073b_3 + 0.064b_4 + 0.040b_5 + 0.090b_6$$
$$+ 0.107b_7 + 0.189b_8 + 0.074b_9 + 0.145b_{10} + 0.121b_{11}$$

$$\text{s. t.} \begin{cases} -22.2\% \leqslant b_1 \leqslant 16.7\% \\ -33.3\% \leqslant b_2 \leqslant 25.0\% \\ -16.7\% \leqslant b_3 \leqslant 25.0\% \\ -10.0\% \leqslant b_4 \leqslant 18.4\% \\ -10.0\% \leqslant b_5 \leqslant 10.0\% \\ -16.7\% \leqslant b_6 \leqslant 25.0\% \\ -16.7\% \leqslant b_7 \leqslant 25.0\% \\ -14.3\% \leqslant b_8 \leqslant 20.0\% \\ -20.0\% \leqslant b_9 \leqslant 33.3\% \\ -7.14\% \leqslant b_{10} \leqslant 14.3\% \\ -16.7\% \leqslant b_{11} \leqslant 14.3\% \\ 3.2b_1 + 1.7b_2 + 1.6b_3 + 1.8b_4 + 2.0b_5 + 1.5b_6 + 0.9b_7 \\ \qquad + 1.3b_8 + 0.7b_9 + 1.8b_{10} + 1.9b_{11} \leqslant 200 \end{cases} \tag{4.19}$$

求解该线性规划模型可得最优质量改善率 $B^* = (b_1^*, b_2^*, \cdots, b_{11}^*)^{\mathrm{T}}$，各质量特性调整后的容差区间见表 4.13。

表 4.13				质量特性的最优改善率及调整后的容差接受值							
质量特性	y_1	y_2	y_3	y_4	y_5	y_6	y_7	y_8	y_9	y_{10}	y_{11}
度量单位	℃	mm	%	min	cm	m/s	cm	s	d	d	d
最优改善率%	16.7	25.0	−12.6	−10.0	−10.0	25.0	25.0	20	33.3	14.3	14.3
容差调整后接受值	6	[62, 78]	[4.43, 5.57]	1.8	9	[3.1, 3.9]	[41, 49]	[20, 30]	[11, 17]	26	8

由表 4.9 可知，承包商按照各质量特性对大坝混凝土施工整体质量的贡献度合理分配质量改善资源；放宽非关键且质量保障程度较高质量特性的容差标准，如质量特性 y_3、y_4、y_5，以节省质量改善资源。根据上述容差调整方案，大坝混凝土施工质量相对于上一阶段提高 19.5%。

4.4.3 基于质量损益函数的大坝混凝土施工关键质量源诊断

以三峡三期工程大坝混凝土夏季施工为例开展算例研究，大坝混凝土夏季施工主要包括原材料运输、温控混凝土生产、混凝土输送（塔带机、汽车、缆机等）、测量放样、备仓、风水电准备、混凝土浇筑、收仓及混凝土养护等多道工序。根据大坝混凝土施工的逻辑关系，得到三峡三期工程大坝混凝土夏季施工质量损益传递 GERT 网络模型如图 4.16 所示。

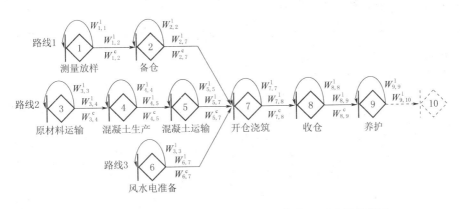

图 4.16 大坝混凝土夏季施工质量损益传递 GERT 网络模型

根据施工方、监理方及业主方对各工序质量的检验统计数据，利用式（2.24）～式（2.26）测算各工序的质量损益值，由曲线拟合的方法估计参数类型，应用统计分析方法得到分布参数，质量损益传递 GERT 网络活动参数表见表 4.14。

表 4.14　　大坝混凝土施工质量损益传递 GERT 网络活动参数表

工序 (i, j)	概率 $p_{i,j}$	分布参数 $f(x)$/千元	概率 $q_{j,i}$	分布参数 $g(x)$/千元	工序 (i, j)	概率 $p_{i,j}$	分布参数 $f(x)$/千元	概率 $q_{j,i}$	分布参数 $g(x)$/千元
(1, 2)	0.9	N (0.1, 0.01)	1	N (−0.1, 0.01)	(5, 5)	0.2	−0.6	—	—
(1, 1)	0.1	−0.1	—	—	(6, 7)	0.9	N (0.5, 0.01)	0.1	N (−1.0, 0.02)
(2, 7)	0.8	N (0.15, 0.02)	0.4	N (−0.1, 0.01)	(6, 6)	0.1	−0.2	—	—
(2, 2)	0.2	−0.1	—	—	(7, 8)	0.95	N (1, 0.05)	1	N (−0.5, 0.02)
(3, 4)	0.7	N (0.2, 0.01)	1	N (−0.1, 0.05)	(7, 7)	0.05	−0.4	—	—
(3, 3)	0.3	−0.15	—	—	(8, 9)	0.9	N (0.1, 0.01)	1	N (−0.1, 0.01)
(4, 5)	0.8	N (1.2, 0.05)	1	N (−0.6, 0.01)	(8, 8)	0.1	−0.1	—	—
(4, 4)	0.2	−0.8	—	—	(9, 10)	0.9	N (0.2, 0.02)	/	—
(5, 7)	0.8	N (1.2, 0.04)	0.5	N (−0.8, 0.02)	(9, 9)	0.1	−0.1	/	—

4.4.3.1　关键质量路线的识别与测算

以路线1为例，由前文分析可得，线路1首工序节点1到尾工序节点9之间的等价传递函数：

$$W_{1\to 9}(s) = W^{l}_{1\to 9}(s) + W^{c}_{1\to 9}(s)$$

$$= \frac{W^{l}_{1,2}(s)W^{l}_{2,7}(s)W^{l}_{7,8}(s)W^{l}_{8,9}(s)W^{l}_{9,10}(s)}{[1-W^{l}_{1,1}(s)][1-W^{l}_{2,2}(s)][1-W^{l}_{7,7}(s)][1-W^{l}_{8,8}(s)][1-W^{l}_{9,9}(s)]}$$
$$+ W^{c}_{1,2}(s)W^{c}_{2,7}(s)W^{c}_{7,8}(s)W^{c}_{8,9}(s)$$

$$= \frac{0.554\exp(1.55s + 0.055s^2)}{[1-0.1\exp(-0.1s)]^3[1-0.2\exp(-0.1s)][1-0.05\exp(-0.4s)]}$$
$$+ 0.4\exp(-1.1s + 0.025s^2) \tag{4.20}$$

其矩母函数为

$$M_{1\to 9}(s) = \frac{W_{1\to 9}(s)}{W_{1\to 9}(0)} = \frac{W^{l}_{1\to 9}(s)}{W^{l}_{1\to 9}(0)} + \frac{W^{c}_{1\to 9}(s)}{W^{c}_{1\to 9}(0)}$$

$$= \frac{0.554\exp(1.55s + 0.055s^2)}{[1-0.1\exp(-0.1s)]^3[1-0.2\exp(-0.1s)][1-0.05\exp(-0.4s)]}$$
$$+ \exp(-0.8s + 0.025s^2) \tag{4.21}$$

运用 Maple 计算工具，线路 1 的各计算参数为：

平均质量损失：

$$E_1(1 \rightarrow 9) = \frac{\partial M_{1 \rightarrow 9}^l(s)}{\partial s}\bigg|_{s=0} = 1.471 \qquad (4.22)$$

质量损失波动方差：

$$V_1(1 \rightarrow 9) = \frac{\partial^2 M_{1 \rightarrow 9}^l(s)}{\partial s^2}\bigg|_{s=0} - \left\{\frac{\partial M_{1 \rightarrow 9}^l(s)}{\partial s}\bigg|_{s=0}\right\}^2 = 0.124 \qquad (4.23)$$

平均质量补偿：

$$E_c(1 \rightarrow 9) = \frac{\partial M_{1 \rightarrow 9}^c(s)}{\partial s}\bigg|_{s=0} = -0.800 \qquad (4.24)$$

质量补偿波动方差：

$$V_c(1 \rightarrow 9) = \frac{\partial^2 M_{1 \rightarrow 9}^c(s)}{\partial s^2}\bigg|_{s=0} - \left\{\frac{\partial M_{1 \rightarrow 9}^c(s)}{\partial s}\bigg|_{s=0}\right\}^2 = 0.050 \qquad (4.25)$$

式（4.25）中，表示由于质量补偿波动引起的质量补偿为 -0.05。由式（2.83）可知，路线 1 的关键质量指标：$\theta_1 = \alpha_1 E_1(1 \rightarrow 9) + \beta_1 V_1(1 \rightarrow 9)^{0.5} + \alpha_c E_c(1 \rightarrow 9) + \beta_c V_c(3 \rightarrow 9)^{0.5} = 0.298$，其中，$\alpha_1 = \beta_1 = 0.5$，$\alpha_c = 0.6$，$\beta_c = 0.4$。同理可得，$\theta_2 = 0.639$，$\theta_3 = -0.06$。由于 $\max\{\theta_1, \theta_2, \theta_3\} = \theta_2$，即路线 2 为关键质量路线，其质量水平对整个混凝土施工整体质量影响程度最大，故施工方、监理方及业主方应对路线 2 进行严格的质量监控并积极改进。

4.4.3.2 关键质量工序的识别与测算

以路线 2 中工序节点 3 原材料运输为例，测算该节点工序的关键质量指标 ω_3 的过程如下：

路线 $3 \rightarrow$ 路线 9 的质量损失影响程度指标 $\theta_{3 \rightarrow 9}^l = \alpha_1 E_1(3 \rightarrow 9) + \beta_1 V_1(3 \rightarrow 9)^{0.5} = 0.5 \times 3.445 + 0.5 \times 0.44 = 1.943$，质量补偿影响程度指标 $\theta_{3 \rightarrow 9}^c = \alpha_2 E_c(3 \rightarrow 9) + \beta_2 V_c(3 \rightarrow 9)^{0.5} = -0.6 \times 2.1 - 0.4 \times 0.11 = -1.304$，路线 $4 \rightarrow$ 路线 9 的质量损失影响程度指标 $\theta_{4 \rightarrow 9}^l = 1.903$，质量补偿影响程度指标 $\theta_{4 \rightarrow 9}^c = -1.224$，由公式（5-68）可知，$\omega_3 = \theta_{3 \rightarrow 9}^l - p_{3,4}\theta_{4 \rightarrow 9}^l + \theta_{3 \rightarrow 9}^c - q_{4,3}\theta_{4 \rightarrow 9}^c = -0.04$。同理可得，$\omega_4 = 0.264$，$\omega_5 = 0.113$，$\omega_7 = 0.21$，$\omega_8 = -0.013$，$\omega_9 = 0.105$。由于 $\max\{\omega_3, \omega_4, \omega_5, \omega_7, \omega_8, \omega_9\} = \omega_4$，即路线 2 中的关键质量工序为混凝土生产，故施工方、监理方及业主方应对该工序进行严格的质量监控并积极改进。

4.5 不忽略一次项损失且补偿量恒定时望大望小特性质量损益函数设计

在研究质量损益函数的文献中，几乎只用一个二次项表示质量损失，既忽略了一次项，又忽略了高阶项。对于望目特性而言，质量损益函数只用二次项表示是可以的，但对于望大和望小特性而言是不妥当的。当补偿量恒定时，望大特性质量损益函数是质量特性值在无穷大处的泰勒展开，望小特性质量损益函数是质量特性值在零质量特性点的泰勒展开。

望大特性尽管越大越好，但实践中极大值点（无穷大）是达不到的，因此泰勒展开式中一阶导数不为 0；望小特性尽管越小越好，但实践中极小值点也达不到，因此泰勒展开式中一阶导数不为 0。因此，质量损益函数直接删除一次项损失是不合理的。

4.5.1　望大特性及望小特性质量损益函数

设产品的质量特性值为 y，与其相应的质量损益为 $G(y)$，王博[194,196] 提出的望大特性质量损益函数来源于 $G_L(y)$ 在 $y = \infty$ 处的泰勒展开式，望小特性质量损益函数来源于 $G_S(y)$ 在 $y = 0$ 处的泰勒展开式：

$$G_L(y) = G_L(0) + \frac{G_L{}'(0)}{1!}\frac{1}{y} + \frac{G_L{}''(0)}{2!}\frac{1}{y^2} + o\left(\frac{1}{y^2}\right) \tag{4.26}$$

$$G_S(y) = G_S(0) + \frac{G_S{}'(0)}{1!}y + \frac{G_S{}''(0)}{2!}y^2 + o(y^2) \tag{4.27}$$

假设质量补偿恒定，对于望大质量特性，当质量特性值达到无穷大时质量损益最小，即 $G_L(\infty) = \sigma_L$，$\sigma_L \in R$；由于质量损益在 ∞ 处达到极小值，故有 $G_L{}'(\infty) = 0$。对于望小质量特性，当质量特性值达到 0 时质量损益最小，即 $G_S(0) = \sigma_S$，$\sigma_S \in R$；由于质量损益在 0 处达到极小值，故有 $G_S{}'(0) = 0$。略去二阶以上的高阶项，则有

$$G_L(y) = \sigma_L + k_L\frac{1}{y^2} \tag{4.28}$$

$$G_S(y) = \sigma_S + k_S y^2 \tag{4.29}$$

在实践中质量特性值极大值点（无穷大点与 0 点）实际上是不可能达到的，所以不能直接令式（4.26）中 $G_L{}'(\infty) = 0$，即 $G_L{}'(\infty) \neq 0$，也不能直接令式（4.27）中 $G_S{}'(0) = 0$，即 $G_S{}'(0) \neq 0$，也就是说，一次项损失是不能忽略的。

在二次式损益函数模型中，一次项函数曲线和二次项函数曲线存在交点。对于望大特性质量损益函数而言可以令一次项质量损失为 $G_{L1}(y) = k_{L1}/y$，二次项质量损失为 $G_{L2}(y) = k_{L2}/y^2$，望大特性一次项和二次项损失关系图如图4.17 所示。对于望小特性质量损益函数而言可以令一次项质量损失为 $G_{S1}(y) = k_{S1}y$，二次项质量损失为 $G_{S2}(y) = k_{S2}y^2$，望小特性一次项和二次项损失关系图如图 4.18 所示。

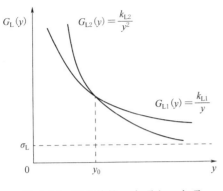

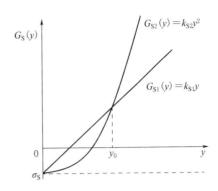

图 4.17　望大特性一次项和二次项　　　　图 4.18　望小特性一次项和二次项
　　　　　　　损失关系图　　　　　　　　　　　　　　损失关系图

从图 4.17 可以看出：当 $y < y_0$ 时，一次项损失大于二次项损失；当 $y > y_0$ 时，一次项损失小于二次项损失；当 $y = y_0$ 时，一次项损失和二次项损失相等。只有当 $y > y_0$ 且达到一定数值时，一次项损失才能忽略。从图 4.18 可以看出：当 $y < y_0$ 时，一次项损失大于二次项损失；当 $y > y_0$ 时，一次项损失小于二次项损失；当 $y = y_0$ 时，一次项损失和二次项损失相等；只有当 $y > y_0$ 且达到一定数值时，一次项损失才远远小于二次项损失，即一次项损失才能忽略。

4.5.2　二次式望大特性及望小特性质量损益函数设计

在质量损益的泰勒展开式中，虽然不能直接将一次项质量损失忽略，但对于望大特性与望小特性而言，由于质量特性值本身的特点，二阶以上的高次项会非常小，可以忽略，又由于补偿量恒定，则望大特性与望小特性质量损益函数为

$$G_{\mathrm{L}}(y) = \sigma_{\mathrm{L}} + k_{\mathrm{L}1}\frac{1}{y} + k_{\mathrm{L}2}\frac{1}{y^2} \tag{4.30}$$

$$G_{\mathrm{S}}(y) = \sigma_{\mathrm{S}} + k_{\mathrm{S}1}y + k_{\mathrm{S}2}y^2 \tag{4.31}$$

在质量损益函数理论中补偿量恒定时，质量特性值偏离目标值越大，质量损益越大，所以有 $k_{\mathrm{L}1} \geqslant 0$，$k_{\mathrm{L}2} > 0$，$\sigma_{\mathrm{L}} \in \mathrm{R}$；$k_{\mathrm{S}1} \geqslant 0$，$k_{\mathrm{S}2} > 0$，$\sigma_{\mathrm{S}} \in \mathrm{R}$。质量特性值超出该特性的规格界限（容差为 Δ_{L}、Δ_{S}）时产品为不合格，此时对产品进行返工或维修的费用为 A_{L}、A_{S}；质量特性值超出功能界限（偏差大于 $\Delta_{\mathrm{L}0}$、$\Delta_{\mathrm{S}0}$）时产品丧失使用功能，此时产品可能需要报废，造成质量损益为 $A_{\mathrm{L}0}$、$A_{\mathrm{S}0}$。由式（4.30）、式（4.31）得

$$A_{\text{L}} = k_{\text{L1}} \frac{1}{\Delta_{\text{L}}} + k_{\text{L2}} \frac{1}{\Delta_{\text{L}}{}^{2}} + \sigma_{\text{L}} \left.\right\}$$
$$A_{\text{L0}} = k_{\text{L1}} \frac{1}{\Delta_{\text{L0}}} + k_{\text{L2}} \frac{1}{\Delta_{\text{L0}}{}^{2}} + \sigma_{\text{L}}$$

(4.32)

$$A_{\text{S}} = k_{\text{S1}} \Delta_{\text{S}} + k_{\text{S2}} \Delta_{\text{S}}{}^{2} + \sigma_{\text{S}} \left.\right\}$$
$$A_{\text{S0}} = k_{\text{S1}} \Delta_{\text{S0}} + k_{\text{S2}} \Delta_{\text{S0}}{}^{2} + \sigma_{\text{S}}$$

(4.33)

解出式（4.32）、式（4.33）得

$$k_{\text{L1}} = \frac{(A_{\text{L}} - \sigma_{\text{L}})\Delta_{\text{L}}^{2} - (A_{\text{L0}} - \sigma_{\text{L}})\Delta_{\text{L0}}^{2}}{\Delta_{\text{L}} - \Delta_{\text{L0}}} \left.\right\}$$
$$k_{\text{L2}} = \frac{\Delta_{\text{L}}\Delta_{\text{L0}}\left[(A_{\text{L0}} - \sigma_{\text{L}})\Delta_{\text{L0}} - (A_{\text{L}} - \sigma_{\text{L}})\Delta_{\text{L}}\right]}{\Delta_{\text{L}} - \Delta_{\text{L0}}}$$

(4.34)

$$\left\{\begin{array}{l} k_{\text{S1}} = \dfrac{(A_{\text{S}} - \sigma_{\text{S}})\Delta_{\text{S0}}^{2} - (A_{\text{S0}} - \sigma_{\text{S}})\Delta_{\text{S}}^{2}}{\Delta_{\text{S}}\Delta_{\text{S0}}(\Delta_{\text{S0}} - \Delta_{\text{S}})} \\[3mm] k_{\text{S2}} = \dfrac{(A_{\text{S0}} - \sigma_{\text{S}})\Delta_{\text{S}} - (A_{\text{S}} - \sigma_{\text{S}})\Delta_{\text{S0}}}{\Delta_{\text{S}}\Delta_{\text{S0}}(\Delta_{\text{S0}} - \Delta_{\text{S}})} \end{array}\right.$$

(4.35)

将式（4.34）、式（4.35）分别代入式（4.30）、式（4.31）得到望大特性及望小特性质量损益函数为

$$G_{\text{L}}(y) = \sigma_{\text{L}} + \frac{(A_{\text{L}} - \sigma_{\text{L}})\Delta_{\text{L}}^{2} - (A_{\text{L0}} - \sigma_{\text{L}})\Delta_{\text{L0}}^{2}}{\Delta_{\text{L}} - \Delta_{\text{L0}}} \frac{1}{y} + \frac{\Delta_{\text{L}}\Delta_{\text{L0}}\left[(A_{\text{L0}} - \sigma_{\text{L}})\Delta_{\text{L0}} - (A_{\text{L}} - \sigma_{\text{L}})\Delta_{\text{L}}\right]}{\Delta_{\text{L}} - \Delta_{\text{L0}}} \frac{1}{y^{2}}$$

(4.36)

$$G_{\text{S}}(y) = \sigma_{\text{S}} + \frac{(A_{\text{S}} - \sigma_{\text{S}})\Delta_{\text{S0}}^{2} - (A_{\text{S0}} - \sigma_{\text{S}})\Delta_{\text{S}}^{2}}{\Delta_{\text{S}}\Delta_{\text{S0}}(\Delta_{\text{S0}} - \Delta_{\text{S}})} y + \frac{(A_{\text{S0}} - \sigma_{\text{S}})\Delta_{\text{S}} - (A_{\text{S}} - \sigma_{\text{S}})\Delta_{\text{S0}}}{\Delta_{\text{S}}\Delta_{\text{S0}}(\Delta_{\text{S0}} - \Delta_{\text{S}})} y^{2}$$

(4.37)

将二次式望大特性质量损益函数分为一次项损失，二次项损失以及常数项补偿，则表示为

$$G_{\text{L1}}(y) = \frac{(A_{\text{L}} - \sigma_{\text{L}})\Delta_{\text{L}}^{2} - (A_{\text{L0}} - \sigma_{\text{L}})\Delta_{\text{L0}}^{2}}{\Delta_{\text{L}} - \Delta_{\text{L0}}} \frac{1}{y}$$

(4.38)

$$G_{\text{L2}}(y) = \frac{\Delta_{\text{L}}\Delta_{\text{L0}}\left[(A_{\text{L0}} - \sigma_{\text{L}})\Delta_{\text{L0}} - (A_{\text{L}} - \sigma_{\text{L}})\Delta_{\text{L}}\right]}{\Delta_{\text{L}} - \Delta_{\text{L0}}} \frac{1}{y^{2}}$$

(4.39)

$$G_{L3}(y) = \sigma_{\text{L}}$$

(4.40)

将二次式望小特性质量损益函数分为一次项损失、二次项损失以及常数项补偿，则表示为

$$G_{\text{S1}}(y) = \frac{(A_{\text{S}} - \sigma_{\text{S}})\Delta_{\text{S0}}^{2} - (A_{\text{S0}} - \sigma_{\text{S}})\Delta_{\text{S}}}{\Delta_{\text{S}}\Delta_{\text{S0}}(\Delta_{\text{S0}} - \Delta_{\text{S}})} y$$

(4.41)

$$G_{\text{S2}}(y) = \frac{(A_{\text{S0}} - \sigma_{\text{S}})\Delta_{\text{S}} - (A_{\text{S}} - \sigma_{\text{S}})\Delta_{\text{S0}}}{\Delta_{\text{S}}\Delta_{\text{S0}}(\Delta_{\text{S0}} - \Delta_{\text{S}})} y^{2}$$

(4.42)

$$G_{S3}(y) = \sigma_{\text{S}}$$

(4.43)

分别在望大特性及望小特性质量损益函数中取一次项与二次项的比值并令其等于 π，得

$$\frac{G_{L1}(y)}{G_{L2}(y)} = \frac{(A_L - \sigma_L)\Delta_L{}^2 - (A_{L0} - \sigma_L)\Delta_{L0}{}^2}{\Delta_L \Delta_{L0}\left[(A_{L0} - \sigma_L)\Delta_{L0} - (A_L - \sigma_L)\Delta_L\right]} y$$

$$= \frac{(\Delta_L/\Delta_{L0})^2 - (A_{L0} - \sigma_L)/(A_L - \sigma_L)}{(A_{L0} - \sigma_L)/(A_L - \sigma_L) - \Delta_L/\Delta_{L0}} \frac{y}{\Delta_L} = \pi_L \qquad (4.44)$$

$$\frac{G_{S1}(y)}{G_{S2}(y)} = \frac{(A_S - \sigma_S)\Delta_{S0}{}^2 - (A_{S0} - \sigma_S)\Delta_S{}^2}{(A_S - \sigma_S)\Delta_S - (A_S - \sigma_S)\Delta_{S0}} \frac{1}{y}$$

$$= \frac{(\Delta_{S0}/\Delta_S)^2 - (A_{S0} - \sigma_S)/(A_S - \sigma_S)}{(A_{S0} - \sigma_S)/(A_S - \sigma_S) - \Delta_{S0}/\Delta_S} \frac{\Delta_S}{y} = \pi_S \qquad (4.45)$$

根据式（4.44）中 π_L 的大小讨论望大特性的几种情况：

1）当 $\pi_L = 1$ 时，$G_{L1}(y) = G_{L2}(y)$。即图 4.16 中 $y = y_0$ 是一次函数和二次函数的交点，即 $y_0 = \dfrac{(A_{L0} - \sigma_L)/(A_L - \sigma_L) - \Delta_L/\Delta_{L0}}{(\Delta_L/\Delta_{L0})^2 - (A_{L0} - \sigma_L)/(A_L - \sigma_L)}\Delta_L$。此时，一次项的损失相对于二次项损失的大小是否可以忽略，取决于 y_0 的大小。若 y_0 很大，即 $y_0 \to \infty$，一次项损失相对于二次项损失很小，一次项损失是可以忽略的；若 y_0 不是很大，则一次项损失不能忽略。

2）当 $\dfrac{A_{L0} - \sigma_L}{A_L - \sigma_L} \to \left(\dfrac{\Delta_L}{\Delta_{L0}}\right)^2$ 时，此时 $\pi_L \to 0$，一次项的损失与二次项的损失相比可以忽略，且 $y_0 \to \infty$。

3）当 $\dfrac{A_{L0} - \sigma_L}{A_L - \sigma_L} \to \dfrac{\Delta_L}{\Delta_{L0}}$ 时，$\pi_L \to \infty$，$\dfrac{G_{L1}(y)}{G_{L2}(y)}$ 很大，一次项损失比二次项还大，y_0 很小，虽然期望望大特性的质量值越大越好，但该特性的实际取值并不是很大，此时一次项不能忽略。

4）当 $\dfrac{\Delta_L}{\Delta_{L0}} < \dfrac{A_{L0} - \sigma_L}{A_L - \sigma_L} < \left(\dfrac{\Delta_L}{\Delta_{L0}}\right)^2$ 时，根据 $\dfrac{G_{L1}(y)}{G_{L2}(y)}$ 的大小确定是否可以忽略一次项。用 $\overline{y}$ 代替式（4.44）中的 y，即计算式的大小为

$$\frac{G_{L1}(y)}{G_{L2}(y)} = \frac{(\Delta_L/\Delta_{L0})^2 - (A_{L0} - \sigma_L)/(A_L - \sigma_L)}{(A_{L0} - \sigma_L)/(A_L - \sigma_L) - \Delta_L/\Delta_{L0}} \frac{\overline{y}}{\Delta_L} = \pi_L \qquad (4.46)$$

一般情况下有 $\overline{y} > \Delta_L$，若 π_L 很小时，一次项损失远小于二次项损失，此时可以忽略一次项损失；若 π_L 较大时，则不可忽略一次项损失。

5）由于式（4.30）中的 $k_{L1} \geqslant 0$，$k_{L2} \geqslant 0$，有 $(A_L - \sigma_L)\Delta_L{}^2 - (A_{L0} - \sigma_L)\Delta_{L0}{}^2 \geqslant 0$，$(A_{L0} - \sigma_L)\Delta_{L0} - (A_L - \sigma_L)\Delta_L > 0$，即 $\dfrac{A_{L0} - \sigma_L}{A_L - \sigma_L} \leqslant \left(\dfrac{\Delta_L}{\Delta_{L0}}\right)^2$，$\dfrac{\Delta_L}{\Delta_{L0}} < \dfrac{A_{L0} - \sigma_L}{A_L - \sigma_L}$。在实际应用过程中，如果参数合理，则不会出现 $\dfrac{A_{L0} - \sigma_L}{A_L - \sigma_L} > \left(\dfrac{\Delta_L}{\Delta_{L0}}\right)^2$

或 $\dfrac{\Delta_L}{\Delta_{L0}} \geqslant \dfrac{A_{L0} - \sigma_L}{A_L - \sigma_L}$ 。

6）式（4.30）中的 $k_{L1} \geqslant 0$，即 $k_{L1} = 0$ 存在，即 $\dfrac{A_{L0} - \sigma_L}{A_L - \sigma_L} = \left(\dfrac{\Delta_L}{\Delta_{L0}}\right)^2$，此时望大特性质量损益函数为

$$G_L(y) = \sigma_L + k_{L2} \dfrac{1}{y^2} \tag{4.47}$$

式（4.47）即为经典的补偿量恒定质量损益函数，此时质量特性的容差可以由功能界限和产品报废所产生的损益确定，即：

$$\Delta_L = \sqrt{(A_L - \sigma_L)/(A_{L0} - \sigma_L)}\,\Delta_{L0} \tag{4.48}$$

根据式（4.45）中 π_S 讨论望小特性的几种情况：

1）当 $\pi_S = 1$ 时，$G_{S1}(y) = G_{S2}(y)$。

$y_0 = \dfrac{(\Delta_{S0}/\Delta_S)^2 - (A_{S0} - \sigma_S)/(A_S - \sigma_S)}{(A_{S0} - \sigma_S)/(A_S - \sigma_S) - \Delta_{S0}/\Delta_S}\Delta_S$，一次项的损失相对于二次项损失的大小是否可以忽略，取决于 y_0。若 $y_0\,y_0 \to 0$，一次项损失可以忽略；若 y_0 不是很大，则一次项损失不能忽略。

2）当 $\dfrac{A_{S0} - \sigma_S}{A_S - \sigma_S} \to \left(\dfrac{\Delta_{S0}}{\Delta_S}\right)^2$ 时，$\pi_S \to 0$，一次项的损失可以忽略，且 $y_0 \to 0$。

3）当 $\dfrac{A_{S0} - \sigma_S}{A_S - \sigma_S} \to \dfrac{\Delta_{S0}}{\Delta_S}$ 时，$\pi_S \to \infty$，y_0 很大，此时，一次项损失比二次项还大，虽然期望望小特性的质量值越小越好，但该特性的实际取值并不是很小，此时一次项不能忽略。

4）当 $\dfrac{\Delta_{S0}}{\Delta_S} < \dfrac{A_{S0} - \sigma_S}{A_S - \sigma_S} < \left(\dfrac{\Delta_{S0}}{\Delta_S}\right)^2$ 时，根据 $\dfrac{G_{S1}(y)}{G_{S2}(y)}$ 的大小确定是否可以忽略一次项。用 $\bar{y}$ 代替式（4.45）中的 y，则有

$$\dfrac{G_{S1}(y)}{G_{S2}(y)} = \dfrac{(\Delta_{S0}/\Delta_S)^2 - (A_{S0} - \sigma_S)/(A_S - \sigma_S)}{(A_{S0} - \sigma_S)/(A_S - \sigma_S) - \Delta_{S0}/\Delta_S}\dfrac{\Delta_S}{\bar{y}} = \pi_S \tag{4.49}$$

一般情况下有 $\bar{y} < \Delta_S$，若 π_S 很小时，可以忽略一次项损失；若 π_S 较大时，则不可忽略一次项损失。

5）由于式（4.31）中的 $k_{S1} \geqslant 0$，$k_{S2} > 0$，有 $(A_S - \sigma_S)\Delta_S^2 - (A_{S0} - \sigma_S)\Delta_{S0}^2 \geqslant 0$，$(A_{S0} - \sigma_S)\Delta_S - (A_S - \sigma_S)\Delta_{S0} > 0$，即 $\dfrac{A_{S0} - \sigma_S}{A_S - \sigma_S} \leqslant \left(\dfrac{\Delta_S}{\Delta_{S0}}\right)^2$，$\dfrac{\Delta_{S0}}{\Delta_S} < \dfrac{A_{S0} - \sigma_S}{A_S - \sigma_S}$。

在实际应用过程中，如果参数合理，则不会出现 $\dfrac{A_{S0} - \sigma_S}{A_S - \sigma_S} > \left(\dfrac{\Delta_S}{\Delta_{S0}}\right)^2$ 或 $\dfrac{\Delta_{S0}}{\Delta_S} \geqslant \dfrac{A_{S0} - \sigma_S}{A_S - \sigma_S}$ 。

6) 式 (4.31) 中的 $k_{S1} \geq 0$，表明 $k_{S1} = 0$ 存在，即 $\dfrac{A_{S0} - \sigma_S}{A_S - \sigma_S} = \left(\dfrac{\Delta_S}{\Delta_{S0}}\right)^2$，此时望小特性质量损益函数为

$$G_S(y) = \sigma_S + k_{S2} y^2 \tag{4.50}$$

式 (4.50) 即为经典的补偿量恒定质量损益函数，此时质量特性的容差可以由功能界限和产品报废所产生的损益确定，即

$$\Delta_S = \sqrt{(A_S - \sigma_S)/(A_{S0} - \sigma_S)} \cdot \Delta_{S0} \tag{4.51}$$

4.5.3　实例分析

大坝混凝土施工主要包括混凝土生产、混凝土运输、混凝土浇筑及混凝土养护等环节，其中混凝土养护的关键质量指标有混凝土浇筑后的连续养护时间及拆模后的跟进保温时间为望大特性（单位：d），混凝土生产的关键质量指标有混凝土拌和物出机口温度（单位：℃），为望小质量特性。

某大坝混凝土浇筑后的连续养护时间 $t < 28\mathrm{d}$ 时，混凝土强度不合格，即养护时间的容差 $\Delta_L = 28\mathrm{d}$，此时需要调整混凝土强度的费用为 70 元/m^3；当连续养护时间 $t < 15\mathrm{d}$ 时，混凝土强度不满足设计要求，即养护时间的功能界限 $\Delta_{L0} = 15\mathrm{d}$，此时因混凝土养护时间而耽误工期所造成的损失为 200 元/m^3。假设下道工序对本道工序的质量补偿或平行工序之间的相互协作产生的补偿量 $\sigma_L = -30$ 元/m^3。为评价大坝混凝土施工养护质量，随机抽取 10 个混凝土样本，养护时间数据分别为：40，30，34，27，35，36，32，37，33，29，单位：d。分别采取二次项损益函数和不忽略一次项损益函数评价混凝土施工养护质量。

假设混凝土拌和物出机口温度的设计目标值为 7℃，当偏离设计目标温度值 $y \geq 2℃$ 时，产品为不合格，即偏离设计目标温度的容差 $\Delta_S = 2℃$，此时造成的损失为 75 元/m^3；当偏离设计目标温度值 $y \geq 5℃$，产品丧失使用功能，即偏离设计目标温度的功能界限 $\Delta_{S0} = 5℃$，此时造成的质量损失为 200 元/m^3。假设下道工序对本道工序的质量补偿或平行工序之间的相互协作产生的补偿量 $\sigma_S = -10$ 元/m^3。为评价大坝混凝土生产质量，随机抽取 10 个混凝土拌和物样本并测试其偏离设计目标温度值：0.2，0.3，0.5，1.1，1.2，1.8，1.5，1.0，0.8，0.4，单位：℃。分别采取二次项损益函数和不忽略一次项损益函数评价混凝土生产质量。

（1）不忽略一次项望大特性质量损益函数评价混凝土施工养护质量。由 $\Delta_L = 28\mathrm{d}$，$A_L = 70$ 元/m^3，$\sigma_L = -30$ 元/m^3，得二次项望大特性质量损益函数：

$$G_{\mathrm{L}}(y) = -30 + 78400\,\frac{1}{y^2} \tag{4.52}$$

将所抽取的样本数据分别代入式（4.52），再求其算数平均值可得平均质量损益：$G_{\mathrm{La}} = 43.5\ 元/m^3$。

由 $\Delta_{\mathrm{L}} = 28\mathrm{d}$，$A_{\mathrm{L}} = 70\ 元/m^3$，$\Delta_{\mathrm{L0}} = 15\mathrm{d}$，$A_{\mathrm{L0}} = 200\ 元/m^3$，$\sigma_{\mathrm{L}} = -30\ 元/m^3$，得不忽略一次项望大特性质量损益函数：

$$G_{\mathrm{L}}(y) = -30 + 2050\,\frac{1}{y} + 21000\,\frac{1}{y^2} \tag{4.53}$$

将所抽取的样本数据分别代入式（4.53），再求其算数平均值可得平均质量损益：$G_{\mathrm{Lb}} = 52.0\ 元/m^3$，其中一次项损失平均值 $L_{\mathrm{L1}} = 63.4\ 元/m^3$，二次项损失平均值 $L_{\mathrm{L2}} = 19.7\ 元/m^3$。当质量补偿量恒定时，不忽略一次项质量损益值比二次项质量损益函数的损益值多 $8.5\ 元/m^3$，这是因为二次项损益函数忽略了一次项损失。

（2）不忽略一次项望小特性质量损益函数评价混凝土施工养护质量。由 $\Delta_{\mathrm{S}} = 2℃$，$A_{\mathrm{S}} = 75\ 元/m^3$，$\sigma_{\mathrm{S}} = -10\ 元/m^3$，得二次项望小特性质量损益函数：

$$G_{\mathrm{S}}(y) = -10 + 21.25y^2 \tag{4.54}$$

将所抽取的样本数据分别代入式（4.54），再求其算数平均值可得平均质量损益：$G_{\mathrm{Sa}} = 11.9\ 元/m^3$。

由 $\Delta_{\mathrm{S}} = 2℃$，$A_{\mathrm{S}} = 75\ 元/m^3$，$\Delta_{\mathrm{S0}} = 5\mathrm{d}$，$A_{\mathrm{S0}} = 200\ 元/m^3$，$\sigma_{\mathrm{S}} = -10\ 元/m^3$，得不忽略一次项望小特性质量损益函数：

$$G_{\mathrm{S}}(y) = -10 + 37.5y + 2.5y^2 \tag{4.55}$$

将所抽取的样本数据分别代入式（4.55），再求其算数平均值可得平均质量损益：$G_{\mathrm{Sb}} = 25.6\ 元/m^3$，其中一次项损失平均值 $L_{\mathrm{S1}} = 33\ 元/m^3$，二次项损失平均值 $L_{\mathrm{S2}} = 2.6\ 元/m^3$。当质量补偿量恒定时，不忽略一次项质量损益值比二次式质量损益函数的损益值多 $13.7\ 元/m^3$，这是因为二次项损益函数忽略了一次项损失。

从不忽略一次项损失的望大望小特性平均质量损益的计算式中可以看出，二次项损失还没有一次项的损失大，故一次项损失是不能忽略的。当然，由于在不忽略一次项损失时，一次项和二次项损失的损失系数计算公式发生了变化，所以相应的二次项损失也不等于只用二次项损失函数表示的质量损益。

4.5.4　结论

质量损益函数只用补偿函数和二次项表示，既忽略了泰勒展开式中的一次项，又忽略了二阶以上的高阶项，对于望大质量特性和望小质量特性而言，这么处理是不妥当的。本书从理论和实际应用两个角度对望大特性及望小特性的质量损益函数进行了研究，提出了在不忽略一次项损失且补偿量恒定时，二次式望大特性与望小特性质量损益函数的形式，以及相应的一次项损失系数和二次项损失系数的计算公式，并且对一次项损失和二次项损失的大小进行了比较分析。本书的研究表明，原有二次项质量损益函数是考虑一次项质量损益函数的一种特殊情况。

4.6 本章小结

本章分别从运作机制、保证机制、快速反应机制及约束机制分析了三峡三期工程中接力链运行过程，研究了接力链技术及质量损益函数在三峡三期工程大坝混凝土施工质量控制中的应用。如以 TPC/C1 - 3 - 1B 右厂坝段 19 - 2 号甲块（∇ 108.5m～∇ 111.5m）为例研究了基于接力链无缝交接技术的仓面设计过程；以三峡三期工程右岸厂房 15～20 号坝段 120 栈桥形成前某高程连续浇筑的三仓混凝土为例研究了接力链网络技术在大坝混凝土施工质量控制中的应用，分别研究了接力链网络图绘制、接力势计算、工序接力流程及关键路径的求解过程；以改进 3m 升层同仓号存在不同标号混凝土的个性化通水方法为例研究了接力链螺旋循环技术的应用。

此外，本章还研究了质量损益函数在三峡三期工程大坝混凝土施工质量控制中的应用。如以混凝土生产系统出机口温度控制为例研究了基于质量损益函数的最优过程均值设计过程，并给出了最优过程均值的修正公式及偏移度计算公式；将基于质量损益函数的容差优化方法应用于大坝混凝土施工系统质量特性的容差优化与再分配问题，以验证其有效性及可行性；以大坝混凝土夏季施工为例研究了关键质量路线及关键质量工序的测算方法。

以上实践结果表明实施接力链技术可使工序交接流畅，资源优化配置，在确保工期的同时提高工程质量；质量损益函数的提出和应用为质量波动及质量补偿的定量统计分析创造了前提，有利于大力提高生产质量水平，创造经济效益。

第 5 章 结 论 与 展 望

5.1 主要研究成果

　　大坝混凝土施工质量问题较多，质量事故造成的危害性较大且质量事故处理难以取得预期效果，对大坝混凝土施工进行质量控制是十分必要的。大坝混凝土具有结构体积大、水泥水化热大、承受荷载大、内部受力相对复杂等结构特点，其质量问题主要是混凝土表面裂缝的产生和延展。三峡三期工程的施工，被普遍认为是迄今为止在国内水利水电工程项目施工中，管理水平最高、质量控制最好的"精品工程"，其中一个最突出的亮点，就是整个主体工程所浇筑的 280 多万 m³ 混凝土中，没有出现一条裂缝，被国务院质量专家组誉为"国外罕见，国内奇迹"。本书结合三峡三期工程实际，研究了大坝混凝土施工质量控制的新理论、新技术及新工艺。主要研究成果如下：

　　(1) 在接力技术及行动者网络理论的基础上，以工序交接形成的链或网作为研究对象，提出了接力链的概念。将接力链应用于施工质量控制中，形成了接力链无缝交接技术、接力链网络技术和接力链螺旋循环技术。接力链无缝交接技术抓住工序交接点这个关键，着重于"接"的研究，较好地解决了全面质量管理中只重视"交"而忽视"接"的重大遗留问题。为了在网络计划中考虑工序间的相互协作、交叉施工及资源的调配过程，在接力链技术、接力链无缝交接技术及网络计划技术的基础上，提出了接力链网络技术，该技术可使工序交接流畅，资源优化配置，在确保工期的同时，提高工程质量。基于接力链技术、接力链无缝交接技术及已有 PDCA 循环理论，提出了接力链螺旋循环技术。接力链螺旋循环技术是能够使任何一项活动有效进行的一种合乎逻辑的工作程序，为有效地保障系统秩序、工序质量、过程优化提供了新的理论框架。

　　(2) 针对田口质量损失函数无法描述生产实践中存在的质量补偿效果，在赋予了泰勒级数展开式中常数项的物理意义——质量补偿的基础上，提出了质量损益函数的概念，并推广提出了倒正态质量损益函数、倒伽玛型质量损益函数、分段质量损益函数及多元质量损益函数模型。研究了质量损益函数在工程实践中的三个应用：质量损益过程均值设计、大坝混凝土施工质量特性容差优化及关键质量源的探测和诊断。在质量损益过程均值设计中，分别研究了二次

148

非对称补偿量恒定及二次非对称双曲正切补偿情况下质量损益过程均值设计方法；在大坝混凝土施工质量特性容差优化中，结合结构方程理论，提出了一类高阶因子模型测算大坝混凝土施工各质量特性对工程质量的质量载荷，并构建了大坝混凝土施工质量容差优化模型；在关键质量源的探测和诊断中，构建了质量损益传递 GERT 网络模型，提出了探测及诊断施工网络中关键质量路线和关键质量工序的算法，为大坝混凝土施工质量管理提供了一种新的分析方法。

（3）根据水利水电工程的特点，从施工总承包商的视角，提出了水利水电工程分包商选择决策评价指标体系，为总承包商提供一种基于 BP 神经网络算法的水电工程分包商选择决策方法。研究了大坝混凝土施工中总承包商与分包商组成的建设供应链中总承包商在不同信息环境下的质量监督决策及质量保证金扣留策略。

（4）结合三峡工程实际，从大坝混凝土生产质量控制及大坝混凝土施工关键工艺两个方面研究了具体实施方法和措施，改进了大坝混凝土施工质量控制技术。如混凝土原材料质量主要从水泥、粉煤灰、外加剂、砂石骨料等方面进行研究；混凝土生产质量控制主要采用了混凝土配合比优化设计、定期检测称量设备及称量的准确性、冷风机冲霜、二次砸石测温、控制混凝土拌和、严控混凝土出机口温度、坍落度及含气量、检测手段改进等措施，并且采用了混凝土生产过程检测系统及混凝土生产与运输车辆控制系统；分别从原材料优选、配合比持续优化、骨料冷却、遮阳喷雾、通水冷却、下料及浇筑法、混凝土振捣、长间歇面纤维混凝土、均匀快速上升、模板工艺、块间高差、表面永久保温及长期养护方面深入挖掘和总结了大坝混凝土施工的创新关键工艺。

（5）分别从运作机制、保证机制、快速反应机制及约束机制分析了三峡三期工程中接力链运行过程，研究了接力链技术及质量损益函数在三峡三期工程大坝混凝土施工质量控制中的应用，如以 TPC/CI－3－1B 右厂坝段 19－2 号甲块（▽108.5m～▽111.5m）为例研究了基于接力链无缝交接技术的仓面设计过程；以三峡三期工程右岸厂房 15～20 号坝段 120 栈桥形成前某高程连续浇筑的三仓混凝土为例研究了接力链网络技术在大坝混凝土施工质量控制中的应用，分别研究了接力链网络图绘制、接力势计算、工序接力流程及关键路径的求解过程；以改进 3m 升层同仓号存在不同标号混凝土的个性化通水方法为例研究了接力链螺旋循环技术的应用。研究了质量损益函数在三峡三期工程大坝混凝土施工质量控制中的应用，如以混凝土生产系统出机口温度控制为例研究了基于质量损益函数的最优过程均值设计过程，并给出了最优过程均值的修正公式及偏移度计算公式；将基于质量损益函数的容差优化方法应用于大坝混凝土施工系统质量特性的容差优化与再分配问题,以验证其有效性及可行性;以大坝混凝土夏季施工为例研究了关键质量路线及关键质量工序的测算方法。

5.2　研究工作展望

质量是检验项目管理水平和获得效益的重要前提,质量是企业的生命,是企业效益的保障,没有质量就没有一切。在水电工程的建设中,质量控制技术及质量控制理论对项目的成功起着举足轻重的作用。因此,进行施工质量控制领域的深入研究是必要的。

(1) 接力链概念的拓展研究。以接力链为基础提出的接力链无缝交接技术、接力链网络技术及接力链螺旋循环技术已经在三峡工程的施工实践中应用并取得成功。然而,接力链概念的发展应用空间还很大,可在此基础上创造新的理论以指导实践,如与物流链理论、供应链理论、关键链理论的结合创新,还可应用于目前先进的项目管理工具,如应用于建筑信息模型 (Building Information Modeling, BIM) 等。

(2) 质量损益函数的拓展研究。本书提出的质量损益函数是对原有质量损失函数的创新与拓展,为工程参数设计提供了新的理论基础。构建的新型质量损益传递的 GERT 网络模型,为大坝混凝土施工质量管理提供了一种新的分析方法。然而,本书仅提出了单元质量损益函数的传递模型,多元质量损益函数的传递模型是一个值得深入研究的方向。另外,本书所探讨的关键质量路线及关键质量工序的诊断是在同源的基础上开展的,而在不同源条件下的诊断也是需要继续开展的一个研究方向。

(3) 分包商质量控制决策研究。选择优秀的分包商对总承包商来说是保证项目顺利实现的关键,但现阶段国内尚未就施工分包商的选择方法和选择流程形成统一的认识,研究成果尚少。一方面,建立一个科学、合理的分包商选择决策评价指标体系是一个值得研究的方向;另一方面,本书在分包商选择决策时采用了 BP 神经网络方法,该方法在研究复杂问题时,网络参数以及误差值的确定对结果影响较大,且算法计算速率较慢,存在陷入局部最小的风险。因此,分包商选择决策方法的探究及改进也是一个值得研究的方向。

(4) 进一步创新大坝混凝土施工工艺,实施全过程高精细控制。三峡工程升船机高精混凝土施工实践及高精混凝土概念的提出[197],意味着水工混凝土施工领域将是一场巨大而深刻的变革。水工混凝土完全能够将土工材料的诸多优点带入高精领域,去建造美观、实用、耐久、精致的水工建筑物。然而,高精混凝土施工的精要在于高精理念指导下的先进的施工工艺和全过程高精细质量控制。

　　以上这些问题的解决对提高水工混凝土质量控制水平具有重要影响，而这些问题的解决也取决于相关学科的发展。我们有理由相信，对上述问题的深入研究将进一步丰富和完善质量控制理论，并更好地服务于水电工程项目的施工和管理实践中。

参 考 文 献

［1］ 周厚贵. 无裂缝混凝土大坝施工技术与实践 ［J］. 水力发电，2010，36（2）：1-4.

［2］ 丁宝瑛，王国秉，黄淑萍，等. 国内混凝土坝裂缝成因综述与防裂措施 ［J］. 水利水电技术，1994（4）：12-18.

［3］ 程庆寿. 关于接力工作法的基本构思 ［J］. 科技进步与对策，1991，8（2）：51-52.

［4］ 程庆寿. 接力技术的基本原理与实践 ［J］. 科技进步与对策，1993，10（1）：42-44.

［5］ 潘开灵. 接力技术的整体思维特征分析 ［J］. 科技进步与对策，2000，17（12）：98-99.

［6］ 潘开灵. 施工管理接力系统的分析与设计 ［J］. 中南工业大学学报，1999，30（10）：86-88.

［7］ 潘开灵. 施工管理中的接力技术理论问题初探 ［J］. 中国管理科学，1999，7（11）：362-365.

［8］ 潘开灵. 接力技术的制约因素理论分析 ［J］. 技术经济与管理研究，2002（2）：57-58.

［9］ 俞晓，冯为民. 以混沌理论为基础的接力技术及其基本运行模式 ［J］. 国外建材科技，2003，24（3）：31-34.

［10］ 周厚贵. 论接力操作法 ［J］. 交通企业管理，2000（12）：15-16.

［11］ 周厚贵. 三峡工程建设中的接力技术研究与应用 ［J］. 项目管理技术，2005，1（1）：54-58.

［12］ A. C. A. Cauvin, A. F. A. Ferrarini, E. T. E. Tranvouez. Disruption management in distributed enterprise：A multi-agent modeling and simulation of cooperative recovery behaviours ［J］. International Journal of Production Economics，2009，122（1）：429-439.

［13］ Bloor D. Anti-Latour ［J］. Studies in History and Philosophy of Science Part A，1999，30（1）：81-112.

［14］ Suprateek S，Saomee S，Anna S. Understanding business process change failure：An actor-network perspective ［J］. Journal of Management Information Systems，2006，23（1）：51-86.

［15］ Sage D，Dainty A，Brookes N. How actor-network theories can help in understanding project complexities ［J］. International Journal of Managing Projects in Business，2011，4（2）：274-293.

［16］ Chan Albert PC，Scott David，Chan Ada PL. Factors affecting the success of a construction project ［J］. Journal of Construction Engineering and Management，2004，130（1）：153-155.

［17］ Blackburn S. The project manager and the project – network ［J］. International Journal of Project Management，2002，20（3）：199 – 204.

［18］ Tryggestad K，Georg S，Hernes T. Constructing buildings and design ambitions ［J］. Construction Management and Economics，2010，28（6）：695 – 705.

［19］ Harty C. Innovation in construction：A sociology of technology approach ［J］. Building Research and Information，2005，33（6）：512 – 522.

［20］ Harty C. Implementing innovation in construction：Contexts，relative boundedness and actor – network theory ［J］. Construction Management and Economics，2008，26（10）：1029 – 1041.

［21］ Ivory C，Alderman N. Can project management learn anything from studies of failure in complex systems ［J］. Project Management Journal – Newton Square，2005，36（3）：5 – 12.

［22］ Sapsed J，Salter A. Postcards from the edge：local communities，global programs and boundary objects ［J］. Organization Studies，2004，25（9）：1515 – 1534.

［23］ Georg S，Tryggestad K. On the emergence of roles in construction：The qualculative role of project management ［J］. Construction Management and Economics，2009，27（10）：969 – 981.

［24］ Sage DJ，Dainty ARJ，Brookes NJ. Who reads the project file? Exploring the power effects of knowledge tools in construction management ［J］. Construction Management and Economics，2010，28（6）：629 – 640.

［25］ Erdogan B，Anumba CJ，Bouchlaghem D.，et al. Collaboration environment for construction：Management of organizational changes ［J］. Journal of Management in Engineering，2014，30（3）：1 – 45.

［26］ Walter A. Shewhart. Statistical Method from the Viewpoint of Quality Control ［M］. (Graduate School，Department of Agriculture，Washington，1939)，Dover Publications，1986.

［27］ （美）W. 爱德华兹·戴明. 戴明论质量管理 ［M］. 钟汉清，戴久永，译. 海口：海南出版社，2003.

［28］ Willian JL，David MS. Four days with Dr. Deming：A strategy for modern methods of management ［M］. Addison – Wesley Education Publishers Inc，1995.

［29］ （美）A. V. 费根堡姆. 全面质量管理 ［M］. 杨文士，廖永平，等，译. 北京：机械工业出版社，1991.

［30］ 李仲学，曹志国，赵怡晴. 基于 Safety case 和 PDCA 的尾矿库安全保障体系 ［J］. 系统工程理论与实践，2010，30（5）：936 – 944.

［31］ Du Qingling，Cao Shuming，Ba Lianliang，et al. Application of PDCA cycle in the performance management System ［C］. 2008 International Conference on Wireless Communication，Networking and Mobile Computing，WiCOM 2008，Dalian China，2008，IEEE.

［32］ Chang JI，Liang CL. Performance evaluation of press safety management systems of paint manufacturing facilities ［J］. Journal of Loss Prevention in the Process Industries，2009，22（4）：398 – 402.

[33] 汪利虹，刘志学. 基于 PDCA 的供应链视角下物流客户服务绩效评价研究 ［J］. 管理学报，2012，9（6）：920－926.

[34] Chen M，Deng JH，Zhou FD，et al. Improving the management of America in hemodialysis patients by implementing the continuous quality improvement program ［J］. Blood Purification，2006，24（3）：282－286.

[35] M. J. Tye，W. E. Wheeler. Applying FOCUS－PDCA methodology to improve patient meal service practices ［J］. Journal of the American Dietetic Association，2007（8，Supplement）：A71.

[36] Živadin Micić，Miloš Micić，Marija Blagojević. ICT innovations at the platform of standardization for knowledge quality in PDCA ［J］. Computer Standards & Interfaces，2013，36（1）：231－243.

[37] Zhang Qingying，Sun Xiaofang，Wang Chuan. The quality management of food cold chain logistics based on PDCA cycle ［J］. Advanced Materials Research，2012：424－425，1338－1341.

[38] Ning Jingfeng，Chen Zhiyu，Liu Gang. PDCA process application in the continuous improvement of software quality ［C］. 2010 International Conference on Computer，Mechatronics，Control and Electronic，CMCE 2010，Changchun，China，2010（1）：61－65.

[39] 江颖俊，刘茂. 基于 PDCA 持续改善架构的企业业务持续管理研究 ［J］. 中国安全科学学报，2007，17（5）：75－82.

[40] 陈谨，付俊江，隋阳. 基于 PDCA 理论创建矿山安全标准化系统的研究 ［J］. 中国安全科学学报，2010，20（4）：49－54.

[41] Taguchi Genichi. Quality engineering in Japan ［J］. Bulletin of the Japan Society of Precision Engineering，1985，19（4）：237－242.

[42] Taguchi Genichi. How Japan defines quality ［J］. Design News（Boston），1985，41（13）：99－104.

[43] Spring FA. The reflected normal loss function ［J］. The Canadian Journal of Statistics，1993，21（3）：321－330.

[44] Pan Jeh－Nan，Pan Jianbiao. Optimization of engineering tolerance design using revised loss functions ［J］. Engineering Optimization，2009，41（2）：99－118.

[45] Naghizadeh QN，Nematollahi N. Estimation after selection under reflected normal loss function ［J］. Communications in Statistics－Theory and Methods，2012，41（6）：1040－1051.

[46] Köksoy Onur，Fan Shu－Kai S. An upside－down normal loss function－based method for quality improvement ［J］. Engineering Optimization，2012，44（8）：935－945.

[47] Spring FA，Yeung AS. General class of loss functions with industrial applications ［J］. Journal of Quality Technology，1998，30（2）：152－162.

[48] Wu CC，Tang GR. Tolerance design for products with asymmetric quality losses ［J］. International Journal of Production Research，1998，36（9）：2529－2541.

[49] Li M. －H. C. Quality loss function based manufacturing process setting models for

unbalanced tolerance design [J]. International Journal of Advanced Manufacturing Technology, 2000, 16 (1): 39 – 45.

[50] Jeang A., Chung C. – P., Hsieh C. – K. Simultaneous process mean and process tolerance determination with asymmetrical loss function [J]. International Journal of Advanced Manufacturing Technology, 2007, 31 (7 – 8): 694 – 704.

[51] 程岩, 吴喜之. 基于非对称损失函数的参数设计 [J]. 应用概率统计, 2005, 21 (4): 443 – 448.

[52] 潘尔顺, 李庆国. 田口损失函数的改进及在最佳经济生产批量中的应用 [J]. 上海交通大学学报, 2005, 39 (7): 1119 – 1122.

[53] 倪自银, 魏世振, 韩玉启. 基于非对称损失的过程均质设计研究 [J]. 运筹与管理, 2004, 13 (3): 126 – 131.

[54] 赵延明, 刘德顺, 张俊, 等. 面向对质量特征的产品质量损失成本模型及其应用 [J]. 中南大学学报 (自然科学版), 2012, 43 (5): 1753 – 1763.

[55] Cao YL, Yang JX, Wu ZT, et al. Robust tolerance design based on fuzzy quality loss [J]. Journal of Zhejiang University (Engineering Science), 2004, 38 (1): 1 – 4.

[56] Cao YL, Mao J, Ching H, et al. A robust tolerance optimization method based on fuzzy quality loss [J]. Proceedings of the Institution of Mechanical Engineers, Part C: Journal of Mechanical Engineering Science, 2009, 223 (11): 2647 – 2653.

[57] Lee CL, Tang GR. Tolerance design for products with correlated characteristics [J]. Mechanism and Machine Theory, 2000, 35 (12): 1675 – 1687.

[58] Huang MF, Zhong YR, Xu Z. G. Concurrent process tolerance design based on minimum product manufacturing cost and quality loss [J]. International Journal of Advanced Manufacturing Technology, 2005, 25 (7 – 8): 714 – 722.

[59] 王军平, 陶华, 李建军. 一种建立多参数质量损失模型的数学方法 [J]. 西北工业大学学报, 2001, 19 (3): 390 – 393.

[60] Gary E. Whitehouse, A. Alan B. Pritsker. GERT: part Ⅲ – further statistical results: counters, renewal times, and correlations [J]. IIE Transactions, 1969, 1 (1): 45 – 50.

[61] Siedersleben, Johannes. Structural questions with GERT – networks [J]. Zeitschrift fur Operations – Research, 1981, 25 (3): 79 – 89.

[62] 吕岳鹏. 施工导流工程风险损失研究 [J]. 武汉水利电力学院学报, 1992, 25 (2): 52 – 59.

[63] 周厚贵. 三峡工程混凝土纵向围堰施工的随机模型研究 [J]. 水利学报, 1997 (8): 67 – 60.

[64] 李存斌, 王恪铖. 网络计划项目风险元传递解析模型研究 [J]. 中国管理科学, 2007, 15 (3): 108 – 113.

[65] Cunbin Li, Kecheng Wang. The risk element transmission theory research of multi – objective risk – time – cost trade – off [J]. Computer and Mathematics with Applications, 2009, 57 (11 – 12): 1792 – 1799.

[66] 何正文, 朱少英, 徐渝. 一种费用与时间相关的 GERT 模型的解析求解研究 [J]. 管理工程学报, 2004, 18 (1): 95 – 97.

[67] Martin Elkjaer. Stochastic budget simulation [J]. International Journal of Project Management，2000，18（2）：139 - 147.

[68] 张杨，黄庆，贺政纲. 车辆随机路径选择的 GERT 算法 [J]. 交通运输工程与信息学报，2005，3（1）：26 - 29.

[69] Paletta G. A multiperiod traveling salesman problem：Heuristic algorithms [J]. Computers & Operations Research，1992，19（8）：789 - 795.

[70] Afèche，Philipp. Delay performance in stochastic processing networks with priority service [J]. 2003，31（5）：390 - 400.

[71] 刘思峰，俞斌，方志耕，等. 灰色价值流动 G - G - GERT 网络模型及其应用研究 [J]. 中国管理科学，2009，19（专辑）：28 - 33.

[72] 杨保华，方志耕，张娜，等. 基于多种不确定性参数分布的 U - GERT 网络模型及其应用研究 [J]. 中国管理科学，2010，18（2）：96 - 101.

[73] Yang Baohua，Fang Zhigeng，Tao Liangyan. Model of GERT network based on grey information and its applications [C]. Proceedings of 2011 IEEE International Conference on Grey Systems and Intelligent Services，GSIS'11 - Joint with the 15th WOSC International Congress on Cybernetics and Systems，2011：640 - 644.

[74] 刘远，方志耕，刘思峰，等. 基于供应商图示评审网络的复杂产品关键质量源诊断与探测问题研究 [J]. 管理工程学报，2011，25（2）：212 - 219.

[75] 郭本海，方志耕，俞斌，等. 基于能效视角的主导产业选择多参量 GERT 网络模型 [J]. 系统工程理论与实践，2011，31（5）：943 - 953.

[76] Brian Fynes，Seán De Búrca. The effects of design quality on quality performance [J]. International Journal of Production Economics，2005，96（1）：1 - 14.

[77] Nien - Lin Hsueh，Peng - Hua Chu，William Chu. A quantitative approach for evaluating the quality of design patterns [J]. Journal of System and Software，2008，81（8）：1430 - 1439.

[78] Ful - Chiang Wu. Robust design of nonlinear multiple dynamic quality characteristics [J]. Computers & Industrial Engineering，2009，56（4）：1328 - 1332.

[79] 郭健彬，谭欣欣，孙宇锋，等. 基于最大容差域的容差设计方法 [J]. 航空学报，2009，30（5）：946 - 951.

[80] 翟国富，胡泊，张宾瑞，等. LED 路灯恒流驱动电源可靠性容差设计技术的研究 [J]. 电工技术学报，2011，26（1）：135 - 140.

[81] 蒲国利，苏秦. 面向复杂质量特性的容差设计研究 [J]. 中国机械工程，2012，23（23）：2864 - 2868.

[82] 张素梅. 模糊择近原则在多目标容差设计中的应用 [J]. 数学的认识与实践，2010，40（3）：80 - 84.

[83] 刘远，方志耕，刘思峰. 复杂产品外购系统质量特性的容差优化模型 [J]. 系统工程，2013，31（1）：121 - 126.

[84] Gary D. Holt，Paul O. Olomolaiye，Frank C. Harris. Evaluating prequalification criteria in contractor selection [J]. Building and Environment，1994，29（4）：437 - 448.

[85] Gary D. Holt. Which contractor selection methodology [J]. International Journal of project management，1998，16（3）：153 - 164.

［86］ Ng ST，Skitmore RM，Client and consultant perspectives of prequalification criteria ［J］．Building and Environment，1999，34（5）：607－621．

［87］ 聂相田，王博，郜军艳．基于模糊逻辑的水利工程多项目投标决策方法［J］．水力发电学报，2013，32（5）：294－298．

［88］ 陈耀明，钟登华．水利水电工程招标模糊综合评判方法探讨［J］．中国农村水利水电，2005（10）：37－39．

［89］ Kumaraswamy MM，Matthews JD．Improved subcontractor selection employing partnering principles ［J］．Journal of Management in Engineering，2000，16（3）：47－57．

［90］ Gokhan Arslan，Serkan Kivrak，M. Talat Birgonul，et al．Improving sub－contractor selection process in construction projects：Web－based sub－contractor evaluation system（WEBSES）［J］．Automation in Construction，2008，17（4）：480－488．

［91］ 康承业，杨铮，张雪花．AHP决策方法在中国建筑企业对分包商选择中应用［J］．天津工业大学学报，2009，28（6）：76－79．

［92］ 李忠富，荆兴凯，李红．工程总承包模式下施工分包商选择方法研究［J］．工程管理学报，2010，24（5）：550－554．

［93］ 杨耀红，张俊华．基于群决策模糊聚类和模糊神经网络的建筑分包商选择研究［J］．数学的认识与实践，2010，40（11）：10－19．

［94］ 董雅文，刘文慧，董金勇，等．建筑施工分包商选择模型及实证研究［J］．建筑经济，2012（9）：79－83．

［95］ 王卓甫，尹红莲，倪化秋，等．水利水电工程动态联盟分包商选择机制研究［J］．中国农村水利水电，2010（1）：147－150．

［96］ Albino V，Claudio GA．A neural network application to subcontractor rating in construction firms ［J］．International Journal of Project Management，1998，16（1）：9－14．

［97］ 张翠华，黄小原．非对称信息下供应链的质量预防决策［J］．系统工程理论与实践，2003（12）：95－99．

［98］ 张翠华，黄小原．非对称信息下业务外包中的质量评价决策［J］．中国管理科学，2004，12（1）：46－50．

［99］ 张翠华，黄小原．非对称信息条件下业务外包的质量评价和转移支付决策［J］．管理工程学报，2004，18（3）：82－86．

［100］ 傅鸿源，何寿奎．信息非对称条件下BT项目质量控制决策［J］．系统工程理论与实践，2006（8）：69－75．

［101］ 金美花，王要武，张弛．非对称信息下建设供应链质量监督决策研究［J］．中国管理科学，2007，15（专辑）：449－453．

［102］ Taguchi G．On－line quality control during production ［M］．Tokyo：Japanese Standards Association，1981．

［103］ Nedbalek Jakub．New type of RBF network in graph applications ［J］．International Journal of Performability Engineering，2012，8（5）：481－488．

［104］ Li Zixiang，Zhang Lingling．A study on multi－project management based on Gantt chart and network planning technique ［J］．Applied Mechanics and Materials，2012：174－177，2854－2860．

［105］ Sadegheih A．Optimization of network planning by the novel hybrid algorithms of intelligent optimization techniques [J]. Energy，2009，34（10）：1539 - 1551.

[106] Hu Lianxiong，Zhong Denghua. Research on network scheduling planning technique based on system simulation [C]. Proceedings of the 2010 IEEE International Conference on Progress in Informatics and Computing，IEEE Computer Society Washington DC，USA，2010（2）：1084 - 1087.

[107] Biffl S.，Thurnher B.，Goluch G.，et al. An empirical investigation on the visualization of temporal uncertainties in software engineering project planning [C]. 2005 International Symp. Empirical Software Engineering，IEEE Computer Society，Queensland，Australia，2005：437 - 446.

[108] Tory M，Staub - French S，Huang D，et al. Comparative visualization of construction schedules [J]. Automation in Construction，2013，29（1）：68 - 82.

[109] 冯晨. 基于新 PDCA 环的精益生产应用研究 [D]. 南京：南京理工大学，2007.

[110] 潘峰，冯雪萍，刘轶宏. 构建 R - PDCA 循环推进高职课程改革 [J]. 实验技术与管理，2012，29（10）：139 - 141.

[111] 刘满芝，周梅华，姚伟坤，等. 三维 PDCA 循环在兖州煤业质量管理中的创新应用 [J]. 中国煤炭，2008，34（1）：61 - 63.

[112] 李潘武，李慧民，高辉，等. 链杆平衡模型在建筑施工管理中的应用 [J]. 长安大学学报（自然科学版），2004，24（5）：66 - 69.

[113] 曾理，梁建平，王磊. 4×100m 接力中交接棒时段速度-时间曲线状态特征的分析 [J]. 首都体育学院学报，2012，24（2）：165 - 169.

[114] 张乃孝. 算法与数据结构——C 语言描述 [M]. 北京：高等教育出版社，2002.

[115] 景海峰. 熊十力选集 [M]. 长春：吉林人民出版社，2005.

[116] Taguchi G. Introduction to Tanguchi methods [J]. Engineering（London），1988，228（1）：i - ii.

[117] 汪应洛，杨耀红. 工程项目管理中的人工神经网络方法及其应用 [J]. 中国工程科学，2004，6（7）：26 - 33.

[118] 严薇，刘宏，刘亮晴. 基于人工神经网络技术的投标前期决策 [J]. 重庆大学学报（自然科学版），2007，30（5）：73 - 77.

[119] 王爱华，孙峻. BP 神经网络在工程项目管理中的应用 [J]. 建筑管理现代化，2009，23（4）：306 - 309.

[120] 王博，顿新春，李智勇. 基于 BP 神经网络的水利工程投标决策模型及应用 [J]. 水电能源科学，2013，31（3）：131 - 134.

[121] 中华人民共和国水利部. 水利水电工程标准施工招标文件（2009 年版）[M]. 北京：中国水利水电出版社，2009.

[122] 中华人民共和国水利部，国家电力公司，国家工商行政管理局. 水利水电工程施工合同和招标文件示范文本 [M]. 北京：中国水利水电出版社，2000.

[123] 刘尔烈，王健，骆刚. 基于模糊逻辑的工程投标决策方法 [J]. 土木工程学报，2003，36（3）：57 - 63.

[124] 朱明强. BP 神经网络在房地产投资风险分析中的应用 [J]. 四川建筑科学研究，2006，32（6）：243 - 246.

[125] Bauman S，Fischer PE，Rajan MV. Performance measurement and design in supply

chains [J]. Management Science，2001，47（1）：173－188.

[126]　魏廷玲. 大体积混凝土坝质量问题及其处理 [J]. 中国三峡建设，2000（1）：11－14.

[127]　朱向明，吴超寰. 二期工程粉煤灰的优选与质量控制 [J]. 中国三峡建设，2000（1）：32－34.

[128]　潘树发. 三峡工程二期水泥和粉煤灰供应工作综述 [J]. 中国三峡建设，2003（12）：38－39.

[129]　中国长江三峡工程开发总公司工程建设部. 长江三峡水利枢纽三期工程混凝土用水泥、粉煤灰生产质量检测成果报告 [R]. 宜昌：中国长江三峡工程开发总公司，2005.

[130]　黄明辉，於崇东. 三峡工程水泥供应保障体系 [J]. 中国三峡建设，2004（2）：56－57.

[131]　洪文浩，肖兴恒. 三峡二期工程大坝混凝土施工和质量控制 [J]. 中国三峡建设，2003（4）：13－15.

[132]　杨富亮. 从小浪底工程浅议三峡工程混凝土质量控制 [J]. 中国三峡建设，2000（7）：35－36.

[133]　刘松柏. 混凝土外加剂的使用 [J]. 中国三峡建设，2003（3）：19－21.

[134]　车公义，蹇尚友，耿艳琴. 下岸溪人工砂石加工系统料场施工中的几个问题 [J]. 中国三峡建设，2000（9）：29－31.

[135]　车公义，赵明华，陈绪贵. 三峡工程人工砂质量控制 [J]. 中国三峡建设，2000（9）：51－53.

[136]　陈绪贵，车公义. 三峡工程砂石系统的规划、建设与管理 [J]. 中国三峡建设，2000（9）：7－12.

[137]　熊明华，刘志和，汪建军. 下岸溪人工砂石系统破碎和制砂设备选型 [J]. 中国三峡建设，2000（9）：32－34.

[138]　赵明华，陈绪贵，车公义. 破碎机家族的新贵——BARMAC 制砂机 [J]. 中国三峡建设，2000（9）：35－36.

[139]　胡进武，皱晓. 古树岭人工碎石加工系统生产能力分析 [J]. 中国三峡建设，2000（9）：26－28.

[140]　三峡工程质量管理委员会办公室. 三峡枢纽工程质量专家组关于三峡工程质量的意见 [R]. 宜昌：中国长江三峡工程开发总公司，1999.

[141]　中国长江三峡工程开发总公司试验中心. 三峡三期工程混凝土原材料及混凝土质量报告 [R]. 宜昌：中国长江三峡工程开发总公司，2003.

[142]　李海波. 二期工程大坝混凝土的配制 [J]. 中国三峡建设，1999（11）：26－29.

[143]　李舜才，钟卫华. 泄洪坝段基础约束区混凝土施工的温度控制 [J]. 中国三峡建设，2001（9）：5－8.

[144]　周厚贵. 无裂缝混凝土大坝施工技术与实践 [J]. 水力发电，2010，36（2）：1－4.

[145]　阮守照，别必雄. 三峡二期工程 79 系统温控技术 [J]. 中国三峡建设，2000（11）：5－6.

[146]　王博，周厚贵，孙昌忠，等. 无裂缝大坝混凝土施工若干关键工艺 [J]. 水力发电，2014，40（3）：40－42.

[147]　"混凝土生产输送计算机综合监控系统"项目组. "混凝土生产输送计算机综合监控系统"的应用 [J]. 中国三峡建设，2000（11）：40－42.

[148]　曾倩彬，刘小艳. 混凝土生产与运输管理的自动控制 [J]. 中国三峡建设，2000

(1)：39-43.

[149] 龙慧文，张骏. 混凝土预冷二次风冷骨料技术研究与应用 [J]. 水力发电学报，2009, 28 (6)：131-134.

[150] 周厚贵. 三峡工程三期大坝混凝土防裂措施（Ⅰ）[J]. 湖北水力发电，2006, 65 (3)：53-45.

[151] 郑祖廷. 仓面喷雾机的试验研究及在二期工程中的应用 [J]. 中国三峡建设，1999 (11)：35-36.

[152] 三期工程混凝土温控工作小组. 长江三峡水利枢纽右岸大坝与电站厂房工程温控资料汇编（2004 年）[R]. 宜昌：中国长江三峡工程开发总公司，2005.

[153] 李广全，阮征. 塔带机入仓混凝土骨料分离的预防与处理 [J]. 中国三峡建设，2003 (4)：23-24.

[154] 周厚贵. 三峡工程大坝混凝土施工新技术 [J]. 水利水电科技进展，2008, 28 (2)：42-46.

[155] 戴会超，周厚贵. 三峡大坝混凝土快速施工方案及工艺研究 [J]. 中国三峡建设，2002 (7)：10-12.

[156] 周厚贵. 三峡工程三期大坝混凝土防裂措施（Ⅱ）[J]. 湖北水力发电，2006, 66 (4)：41-43.

[157] 邢德勇，杨立华，叶志江，等. 平仓振捣机计时报警器的研制与应用 [J]. 中国三峡建设，2005 (1)：23-24.

[158] 杨学会，范五一，李锋. 三峡三期工程大坝混凝土优质快速施工新技术研究及实践 [J]. 水力发电学报，2009, 28 (6)：126-130.

[159] 强晟，朱岳明，钟谷良，等. 混凝土坝厚层短歇的快速浇筑方法及应用 [J]. 三峡大学学报（自然科学版），2010, 32 (4)：38-41.

[160] 朱伯芳. 混凝土坝温度控制与防止裂缝的现状与展望 [J]. 水利学报，2006, 37 (12)：1424-1432.

[161] 周厚贵，孙锐，别必雄. 三峡水利枢纽混凝土表面保温技术研究与实践 [R]. 葛洲坝集团三峡施工指挥部，2001 (06)：12-17.

[162] 胡兴娥，张小厅. 混凝土温度保护与养护 [J]. 中国三峡建设，2003 (3)：16-18.

[163] 唐道初，陈文夫. 三峡右岸厂坝三期工程混凝土温控实践 [J]. 中国三峡建设，2004 (5)：32-36.

[164] 张星球，张慧霞，朱焱华. 混凝土施工档案系统的设计与开发 [J]. 中国三峡建设，1999 (11)：49-50.

[165] 郑路，陈新群，张勇. 混凝土仓面设计在三峡二期工程中的应用 [J]. 中国三峡建设，2001 (3)：6-7.

[166] 戴会超，周厚贵. 三峡大坝混凝土快速施工方案及工艺研究 [J]. 中国三峡建设，2002 (7)：10-12.

[167] 三期工程混凝土温控工作小组. 长江三峡水利枢纽三期主体工程混凝土温控总结与资料汇编（2005—2006 年度）[R]. 宜昌：中国长江三峡工程开发总公司，2007.

[168] Goldratt E M. Critical chain [M]. New York：The North River Press, 1997.

[169] Newbold R C. Project management in the fast lane, applying the theory of constraints [M]. Boca Raton：The St. Lucie Press, 1998.

[170] Herroelen W S, Leus R. On the merits and pitfalls of critical chain scheduling [J]. Journal of Operations Management, 2001, 19 (5): 559 – 577.

[171] Herroelen W S, Leus R. Critical chain project scheduling: Do not oversimplify [J]. Project Management Journal, 2002, 33 (4): 46 – 60.

[172] 杨立熙, 李世其, 黄夏宝, 等. 属性相关的关键链计划缓冲设置方法 [J]. 工业工程与管理, 2009, 14 (1): 11 – 14.

[173] Tukel O I. An investigation of buffer sizing techniques in critical chain scheduling [J]. European Journal of Operational Research, 2006, 172 (2): 401 – 416.

[174] 蒋国萍. 基于关键链的项目进度问题研究 [A]. //中国运筹学会第七届学术交流会论文集 (中卷) [C]. 中国运筹学会, 2004: 6.

[175] 王雪青, 郭留洋, 符桃. 基于关键链技术的工程项目进度规划问题研究 [J]. 河北工业大学学报, 2005 (6): 20 – 23.

[176] 刘士新, 宋健海, 唐加福. 资源受限项目调度中缓冲区的设定方法 [J]. 系统工程学报, 2006 (4): 381 – 386.

[177] Radovililsky Z D. A quantitative approach to estimate the size of the buffer in the theory of constraints [J]. International Journal of Production Economics, 1998, 55 (2): 113 – 119.

[178] 周阳, 丰景春. 基于排队论的关键链缓冲区研究 [J]. 科技进步与对策, 2008 (2): 174 – 176.

[179] Hoel K, Taylor S G. Quantifying buffers for project schedules [J]. Production and Inventory Management Journal, 1999, 40 (2): 43 – 47.

[180] Rezaie K, Manouchehrabadi B, Shirkouhi S N. Duration estimation, a new approach in critical chain scheduling [C]. 2009 3rd Asia International Conference on Modeling and Simulation, 2009: 481 – 484.

[181] Fallh M, Ashtiani B, Aryanezhad M B. Critical chain project scheduling: Utilizing uncertainty for buffer size [J]. Int J of Research and Review in Applied Science, 2010, 3 (3): 280 – 289.

[182] Long Luong Duc, Ario Ohsato. Fuzzy critical chain method for project scheduling under resource constraints and uncertainty [J]. International Journal of Project Management, 2008, 26 (6): 688 – 698.

[183] Luong D L, Ario O. Fuzzy critical chain method for project scheduling under resource constraints and uncertainty [J]. Int J of Project Management, 2008, 26 (6): 688 – 698.

[184] 仲刚, 乞建勋, 苏志雄. 基于模糊工期的关键链缓冲区设置方法研究 [J]. 技术经济, 2009, 28 (7): 48 – 50, 66.

[185] 李建中, 刘甜, 张静. 基于FAHP的关键链缓冲区设置方法 [J]. 项目管理技术, 2013, 11 (9): 69 – 73.

[186] 张俊光, 宋喜伟, 杨双. 基于熵权法的关键链项目缓冲确定方法 [J]. 管理评论, 2017, 29 (1): 211 – 219.

[187] Shou Yongyi, Yeo K T. Estimation of project buffers in critical chain project management [J]. Management of Innovation and Technology, 2000 (1): 162 – 167.

［188］ Wei Chiu‐Chi, Liu Ping‐Hung，Tsai Ying‐Chin. Resource constrained project management using enhanced theory of constraint ［J］. International Journal of Project Management，2002，20 (7)：561－567.

［189］ 曹小琳，刘仁海. 关键链项目管理缓冲区计算方法研究 ［J］. 统计与决策，2010 (3)：69－71.

［190］ Tukel O I. An investigation of buffer sizing techniques in critical chain scheduling ［J］. European Journal of Operational Research，2006，172 (2)：401－416.

［191］ 褚春超. 缓冲区与关键链项目管理 ［J］. 计算机集成制造系统，2008，14 (5)：1029－1035.

［192］ 胡晨，徐哲，于静. 基于工期分布和多资源约束的关键链缓冲区大小计算方法 ［J］. 系统管理学报，2015，24 (2)：237－242.

［193］ 徐小峰，郝俊，邓忆瑞. 考虑多因素扰动的项目关键链缓冲区间设置及控制模型 ［J］. 系统工程理论与实践，2017，37 (6)：1593－1601.

［194］ 王博，周厚贵，李智勇. 接力链网络技术及其应用 ［J］. 水力发电学报，2015，34 (1)：220－228，244.

［195］ 张月. 偏态之我见 ［J］. 统计与决策，2004，180 (12)：162.

［196］ 王博. 基于合同风险分析的投标报价博弈模型研究 ［D］. 郑州：华北水利水电学院，2011 (5)：45－53.

［197］ 周厚贵. 水工高精混凝土施工技术创新与实践 ［J］. 中国工程科学，2013，15 (9)：4－8.